常见冶金矿物资源利用

Utilization of Common Metallurgical Mineral Resources

刘佳囡　著

北　京

冶 金 工 业 出 版 社

2023

内 容 提 要

本书以钾长石、镍资源、铝资源、锌资源、钛资源为研究对象，对矿物资源常规处理方法进行了详细的阐述。本书涵盖了上述矿物资源的概况分析、处理基本原理、工艺流程及产物的制备方法、用途等相关内容，不仅可对矿物资源综合利用提供方法和指导，而且对发展基于矿物冶金工艺中各组元的高附加值利用具有重要的指导意义。

本书可供从事矿物资源利用及固体废弃物处理的科研及技术人员参考，同时可作为高等院校相关专业的教学参考书。

图书在版编目 (CIP) 数据

常见冶金矿物资源利用/刘佳囡著. —北京：冶金工业出版社，2023.3
ISBN 978-7-5024-9410-0

Ⅰ.①常…　Ⅱ.①刘…　Ⅲ.①冶金工业—矿产资源—资源利用
Ⅳ.①TF

中国国家版本馆 CIP 数据核字（2023）第 023178 号

常见冶金矿物资源利用

出版发行	冶金工业出版社	电　话	(010)64027926
地　址	北京市东城区嵩祝院北巷 39 号	邮　编	100009
网　址	www.mip1953.com	电子信箱	service@ mip1953.com

责任编辑　于昕蕾　左向萌　美术编辑　吕欣童　版式设计　郑小利
责任校对　范天娇　责任印制　禹　蕊
三河市双峰印刷装订有限公司印刷
2023 年 3 月第 1 版，2023 年 3 月第 1 次印刷
710mm×1000mm　1/16；10.25 印张；199 千字；152 页
定价 63.00 元

投稿电话　(010)64027932　投稿信箱　tougao@cnmip.com.cn
营销中心电话　(010)64044283
冶金工业出版社天猫旗舰店　yjgycbs.tmall.com
（本书如有印装质量问题，本社营销中心负责退换）

前　　言

本书以钾长石、镍资源、铝资源、锌资源、钛资源为研究对象，对矿物资源常规处理方法进行了详细的阐述。全书分为5章。

钾长石以储量大、品质优、分布广等优点被认为是最具开发利用的非水溶性钾矿资源。但常规的处理方法存在对含量较高的非目标元素硅低附加值利用造成资源浪费，环境污染等突出问题。第1章介绍了钾资源的概况、钾长石结构、性质、处理技术及白炭黑产品的基本性质、合成方法；并以钾长石为研究对象，提出低温碱性焙烧法。通过焙烧过程中调控机制对钾长石微观结构的变化和有价组元的赋存状态的影响，阐明低温碱性焙烧规律；不仅可对钾长石资源综合利用提供新的方法和实验指导，而且对发展基于矿物冶金工艺中硅的高附加值利用具有重要的科学意义和实用价值。

镍是一种重要的战略金属，由于其具有良好的机械强度、延展性和很高的化学稳定性而被广泛应用，其中用于不锈钢生产的镍占全球镍需求量的65%。目前国内外主要采用硫化镍矿冶炼得到金属镍，但硫化镍矿资源有限，不可能为镍生产所需原料提供长期保证。在此形势下，全球镍资源开发利用重心正逐步向资源储量大、采矿成本低的氧化镍矿转移。经探测，我国四川会理蛇纹石矿中含有有价元素镍，镍的含量在0.6%~0.8%，且储量丰富。目前，国内对会理含镍蛇纹石的研究尚处于初期阶段，其中的镍还未开发利用，第2章开展蛇纹石中镍富集与提取的研究。以四川会理含镍蛇纹石矿为原料，在对原料性质进行分析、检测的基础上，系统研究了会理含镍蛇纹石通过还原焙烧富集镍和提取镍的工艺方法和条件，确定了各相关因素的影响规律。

　　铝土矿是一种以氧化铝水合物为主要成分的复杂铝硅盐矿物，其主要化学成分为 Al_2O_3、SiO_2、Fe_2O_3、TiO_2，还有少量的 CaO、MgO、硫化物，微量的镓、钒、磷、铬等元素的化合物。它是目前氧化铝生产中最主要的原料。铝土矿中铁矿物和铝矿物嵌布粒度细、相互胶结，矿物的单体解离性能差，若以单一铁矿或铝土矿进行开发利用，成本高，技术上实行难。第 3 章介绍了铝土矿的概况、氧化铝的提取方法及氧化铝、氧化铁等产品的基本性质及合成方法。并在对山东某地低品位铝土矿原料组成、物相性质进行分析的基础上，采用硫酸焙烧法综合回收铝、铁、硅。通过试验，确定了适宜的调控机制。

　　锌是重要的有色金属，随着硫化锌资源的日益枯竭，氧化锌资源的开发利用已经引起了人们的重视。第 4 章介绍了锌的矿物资源、氧化锌矿综合利用及铅、锶提取工艺的研究进展；并以氧化锌矿为研究对象，采用现代测试技术，结合机理分析和实验研究，系统深入地研究了锌、铅和锶等有价元素综合提取的工艺和理论。通过热力学计算，确定了硫酸铵焙烧法从氧化锌矿中提取锌的可行性。同时研究了硫酸铵焙烧法从氧化锌矿中提取锌的工艺，通过 XRD、SEM 等测试分析，明确焙烧前后、水浸后主要元素的物相变化。并得到了硫酸铵焙烧过程中焙烧温度、硫酸铵与氧化锌矿中锌的摩尔比及焙烧时间对锌提取率的影响，得到最佳焙烧工艺条件。

　　二氧化钛是一种重要的无机化工材料，广泛应用于涂料、造纸、塑料、橡胶、油墨、化纤等行业。工业上生产钛白使用的原料主要有钛铁矿、钛磁铁矿和高钛渣等。钛渣是由钛铁矿冶炼而成，二氧化钛含量被提高。二氧化钛含量大于 90% 的钛渣可以作为氯化法生产钛白的生产原料，二氧化钛含量小于 90% 的钛渣是硫酸法生产钛白的优质原料。随着社会大众对环境保护的意识越来越强，发展循环经济、建设环境友好型社会是我们要重点考虑的方向。第 5 章以四川某地产的钛渣为原料，建立了浓硫酸焙烧钛渣制备二氧化钛的工艺流程，并确定最佳工艺条件。

　　本书的编写得到了渤海大学的资助，同时本书在编写过程中参考了大量的著作和文献资料，无法全部列出，在此，向工作在相关领域最前端的优秀科研人员致以最诚挚的谢意，感谢你们对资源综合利用的发展做出的巨大贡献。

　　由于知识水平及掌握的资料有限，书中难免有不当之处，欢迎各位读者批评指正。

刘佳囡

2023 年 1 月

目　　录

1 钾长石资源利用

1.1 钾的性质及用途

钾是一种地壳中赋存丰富的碱金属元素。钾金属晶体中的金属键强度弱，固体密度 $0.86g/cm^3$，单质熔点 $63.25℃$、沸点 $760℃$，硬度小，金属性强，具有银白色金属光泽。由于其最外层只有 1 个电子，原子半径大且核电荷数少，故在自然界中以化合物的形式存在。

钾是农作物生长的三大营养元素之一[1]。在农作物体中主要存在于营养器官中，尤其是茎秆中。它能增进磷肥和氮肥的肥效，促进作物对磷、氮的吸收，还能促进作物的根系发育。因此钾的存在对块根作物、谷物、蔬菜、水果以及油料作物的增产具有显著效果[2-6]。由于钾能够促进作物的茎秆发育，因而它可使作物茎秆粗壮，增强抗寒冷、抵御虫害和抗倒伏的能力。它也能使农作物从土壤中吸取养分，并提高养料的合成效率和光合作用的强度，加快分蘖，提高果实质量[7-8]。钾盐在工业上的应用也十分广泛，主要用于制造玻璃、肥皂、建筑材料、清洗剂，也应用于电子信息、染色、纺织产业等领域[9-11]。

1.2 钾资源概况

1.2.1 钾资源特点及其分布

钾资源按其可溶性可分为水溶性钾盐矿物和非水溶性含钾铝硅酸盐矿物。水溶性钾盐矿物是指在自然界中由可溶性的含钾盐类矿物堆积形成的，可被利用的矿产资源。它包括含钾水体经过蒸发浓缩、沉积形成的水溶性固体钾盐矿床，如光卤石、钾石盐、含钾卤水等。含钾铝硅酸盐类岩石是非水溶性的含钾岩石或富钾岩石，如钾长石、明矾石等。表 1-1 为自然界中常见的含钾矿物[12-14]。世界上的钾盐主要来源于水溶性钾盐矿床，可利用的资源主要有钾石盐、硫酸钾、光卤石、液态钾盐及混合钾盐五种类型。从经济利用的角度讲，钾石盐最为重要，K_2O 含量最高，其质量分数通常为 15%~20%。其次为液态钾盐，它主要是指晶间卤水和现代盐湖的表层卤水，其 K_2O 含量在 2%~3%。

全世界的钾盐储量丰富，但分布极不平衡。其中美国、德国、法国、俄罗斯、加拿大等国家和地区的钾盐不仅储量大，约占世界总储量的95%，而且品质优。与这几个国家钾盐市场供过于求的状况相比，大多数发展中国家和地区的钾盐匮乏，根本满足不了需求，目前亚洲、拉丁美洲等地使用的钾盐主要依赖进口[15-17]。我国钾矿贫乏，仅占世界总储量的0.63%。

表 1-1　自然界中常见的含钾矿物

矿物名称	晶体化学式	K_2O 含量/%
钾石盐	KCl	63.1
光卤石	$KCl \cdot MgCl_2 \cdot 6H_2O$	17.0
钾盐镁矾	$MgSO_4 \cdot KCl \cdot 6H_2O$	18.9
碳酸芒硝	$KCl \cdot Na_2SO_4 \cdot Na_2CO_3$	3.0
明矾石	$K_2[Al(OH)_2]_6(SO_4)_4$	11.4
杂卤石	$K_2SO_4 \cdot MgSO_4 \cdot 2CaSO_4 \cdot 2H_2O$	15.5
无水钾镁矾	$K_2SO_4 \cdot 2MgSO_4$	22.6
钾镁矾	$K_2SO_4 \cdot MgSO_4 \cdot 4H_2O$	25.5
钾石膏	$K_2SO_4 \cdot CaSO_4 \cdot H_2O$	28.8
镁钾钙矾	$K_2SO_4 \cdot MgSO_4 \cdot 4CaSO_4 \cdot 2H_2O$	10.7
钾芒硝	$(K, Na)_2SO_4$	42.5
软钾镁矾	$K_2SO_4 \cdot MgSO_4 \cdot 6H_2O$	23.3
钾明矾	$K_2SO_4 \cdot Al_2(SO_4)_3 \cdot 24H_2O$	9.9
硝石	KNO_3	46.5
白榴石	$KAl(SiO_3)_2$	21.4
正长石	$KAlSi_3O_8$	16.8
微斜长石	$KAlSi_3O_8$	16.8
歪长石	$(Na, K)AlSi_3O_8$	2.4~12.0
白云母	$H_2KAl_3(SiO_4)_3$	11.8
黑云母	$(H, K)_2(Mg, Fe)_2Al_2(SiO_4)_3$	6.2~10.1
金云母	$(H, K, Mg, F)_3Mg_3Al(SiO_4)_3$	7.8~10.3
锂云母	$KLi[Al(OH, F)_2]Al(SiO_4)_3$	10.7~12.3
铁锂云母	$H_2K_4Li_4Fe_3Al_3F_8Si_{14}O_{12}$	10.6
矾云母	$H_8K(Mg, Fe)(Al, V)_4(SiO_3)_{12}$	7.6~10.8
海绿石	$KFeSi_2O_6 \cdot nH_2O$	2.3~8.5
矾砷铀矿	$K_2O \cdot 2U_2O_3 \cdot V_2O_5 \cdot 3H_2O$	10.3~11.2
霞石	$K_2Na_6Al_8Si_9O_{34}$	0.8~7.1

1.2.2 国内钾资源的特点及其分布

随着我国农业生产条件的不断改善，氮、磷肥施用量的日益增加，农作物产量的不断提高，土壤中的钾元素迅速减少，钾肥需求量大幅上升，在我国南方多地尤为明显。据中国农业科学院对我国土地情况的调查，我国土壤的缺钾现象从南方向北方扩展，缺钾面积逐年增加，缺钾的耕地面积已占总耕地面积的56%，缺钾已成为制约农作物增产的主要因素[18-21]。据国家非金属矿产供需形势报告统计，钾盐是我国最为紧缺的两种非金属矿产之一。

我国水溶性钾盐资源匮乏，且分布不均[22-26]。目前已探明的水溶性钾盐资源总量（折合 K_2O）约为41亿吨。95%以上分布在青海柴达木盆地，其余则分布于四川、山东、云南、甘肃和新疆等地区。近年来，我国在寻找可溶性钾盐矿床方面取得了重大突破，发现新疆罗布泊地区的罗北凹地有一特大型液体钾盐矿床，其控制面积在 $1300km^2$ 的范围内，KCl 的储量超过 2.5 亿吨[27]。但这远不能满足农业和国民经济不断发展的需要。

我国非水溶性钾矿资源丰富，且种类繁多，如钾长石、霞石正长岩、富钾页岩、明矾石、伊利石、白榴石、富钾火山岩等。这些钾矿资源遍布全国各地，而且储量巨大[28-30]，如能除寻找和开发水溶性钾盐资源外，探索新的技术途径，对非水溶性钾矿资源加以有效利用，可在一定程度上弥补国内水溶性钾盐资源的匮乏。

1.3 钾长石资源概况

1.3.1 钾长石的基本性质

钾长石属于长石族矿物中碱性长石系列中的一种，是钾、钠、钙和少量钡等碱金属或碱土金属组成的铝硅酸盐矿物，是地壳上分布最广泛的造岩矿物[31]。钾长石的分子式：$KAlSi_3O_8$，矿物成分为：K_2O 16.9%，Al_2O_3 18.4%，SiO_2 64.7%，莫氏硬度为6，密度为 $2.56g/cm^3$，由于矿物中含有如云母、石英等杂质，其熔化温度为1290℃[32-35]。

钾长石呈四面体的架状结构，根据架状硅酸盐结构的特点可知，在钾长石晶体结构中，硅氧四面体的每个顶角与其相邻的硅氧四面体的顶角相连，硅氧原子比例为1:2，此种结构呈电中性[36]。如果部分硅氧四面体中的四价硅离子被三价铝离子置换，出现了多余的负电荷，为了保持结构呈电中性，K^+ 进入结构中，分布在结构中大小不同的通道或空隙里。由于钾长石的四面体架状结构，其化学性质极其稳定，常温常压下不与除氢氟酸外的任何酸碱反应[37-41]。

钾长石主要存在于伟晶岩、花岗闪长岩、花岗岩、正长岩、二长岩等岩石中。自然界中钾长石大多以正长石、透长石、斜长石三种同质多相变体形式存在，均为含钾的铝硅酸盐矿物。钾长石中常伴有较大含量的钠长石出现[42]。沉积岩中自生的钾长石最为纯净，Na_2O 含量不超过 0.3%。

1.3.2 钾长石资源的分布

钾长石在地壳中储量大，分布广，是许多含钾铝硅酸盐矿物的主要成分。我国钾长石资源丰富，约 200 亿吨，主要分布在新疆、四川、甘肃、青海、陕西、山东、山西、黑龙江、辽宁等 23 个省区。钾长石的品质优，氧化钾含量均在 10% 以上，晶体纯净、粗大，易于开采。目前已有文献报道的钾长石矿源达 60 个，我国部分钾长石矿床的分布及其类型和主要化学成分如表 1-2 所示[43-44]。如果将此类钾矿资源高效规模化利用，将能解决我国钾肥短缺的现状。

表 1-2 我国部分钾长石矿床分布及其类型和主要化学成分

矿床产地	矿床类型	主要化学成分及含量/%					
		K_2O	Na_2O	SiO_2	Fe_2O_3	Al_2O_3	MgO
辽宁兴城	伟晶岩	8.24~12.4	2.22~5.01	—	0.08~0.82		
湖南临湘	花岗伟晶岩	12~14	<3.0	64~66	0.1	18~20	
山西闻喜	伟晶岩	11~14	2~2.38	62~65	0.1~0.88	18~20	
山西盂县	伟晶岩	12.0	2.02	70.0	—		0.16
山西忻县	伟晶岩	12.76	2.39	64.94	0.15	18.7	
甘肃张家川	伟晶岩	10~12.5	1.85~2.04	64.77~67.79	0.17~0.21	—	
陕西商南	伟晶岩	10.54~12.4	2.49~3.65	—	0.11~0.18	19.36	
陕西临潼	长石石英矿	11.85	2.41	67.13	0.31	17.53	
四川旺苍	伟晶岩	11.0	3.33	65.6	—	18.69	
山东新泰	伟晶岩	12.49	3.12	—	0.27		
辽宁海城	长石石英矿	10.49	2.19	68.31	—		

1.3.3 钾长石的用途

钾长石常应用于陶瓷釉料、陶瓷坯体、玻璃和钾肥中。

（1）钾长石在陶瓷釉料中的应用。钾长石可作为制备陶瓷釉料的主要原料，添加量可达 10%~35%，起到绝缘、隔音、过滤腐蚀性液体或气体、降低生产能耗的作用[45]。

（2）钾长石在陶瓷坯体中的应用。它可作为瘠性原料改善体系干燥，减少收缩变形。它也可作为助熔剂，促进石英和高岭土熔融，使物质互相扩散渗透进而加速莫来石的形成。它还能提高陶瓷的介电性能、机械强度和减少坯体空隙使其致密[46]。

（3）钾长石在玻璃中的应用。由于钾长石中氧化铝含量高且易熔，故成为玻璃工业生产的原料。它的加入可以降低体系的熔融温度，减少能耗，还可以减少纯碱的用量，提高配料中铝的含量[47]，生成无晶体缺陷的玻璃制品。

（4）钾长石在钾肥中的应用。钾长石可作为提取碳酸钾、硫酸钾及含钾化合物的原料，制备复合肥料，用于农业生产[48]。

1.4 钾长石处理技术概况

目前，钾长石的主要处理方法按提钾机理的不同，可分为离子交换法和硅铝氧架破坏法。离子交换法包括高温挥发法、熔盐离子交换法、水热法、高压水化法等。硅铝氧架破坏法包括高温烧结法、石灰石烧结法、纯碱-石灰石烧结法、石膏-石灰石烧结法、火碱烧结法、低温烧结法、复合酸解法等。

1.4.1 离子交换法

钾长石中 K^+ 充填于较大的环间空隙中起平衡电价的作用，可与半径较小的 Na^+、Ca^{2+} 等发生离子交换反应，在基本不破坏钾长石原有架状结构的情况下置换出钾并生成钠长石、钙长石等尾渣，称为离子交换法。其交换方程可表示为

$$KAlSi_3O_8 + M^+ \Longrightarrow MAlSi_3O_8 + K^+ \tag{1-1}$$

$$2KAlSi_3O_8 + M^{2+} \Longrightarrow MAl_2Si_2O_8 + 2K^+ + 4SiO_2 \tag{1-2}$$

1.4.1.1 高温挥发法

水泥厂使用富钾岩石做原料，无需改变生产工艺条件，只要在原有设备基础上增加一套回收灰尘的装置，就可回收窑灰钾肥。窑灰钾肥的主要成分是碳酸钾、硫酸钾、氯化钾、铝硅酸钾盐和钙盐等，对其做常规的化工分离纯化处理，即可制得各种钾盐产品。

高温挥发法的主要缺点是：反应温度高达 1350～1450℃，能耗高，采用该法处理钾长石单纯提取钾盐，很难通过技术经济关。依据该方法的原理，在高温热处理生产其他产品时，以钾长石替代部分铝硅质原料，钾会以蒸气形式逸出，经回收加以利用。这种不同工艺之间的整合，提高了资源利用率和经济效益，但受两者生产规模的相互牵制，钾挥发不完全，可能会降低产品的性能。

1.4.1.2 熔盐离子交换法

长石族矿物中的阳离子占据其框架结构中的大孔隙，以相对较弱的键与骨架结构相连，这些阳离子表现出一定的离子交换性。这种离子的交换性能是熔盐离子交换法提钾的理论基础[49-50]。熔盐离子交换法中，熔盐的选择必须满足：

（1）熔盐资源丰富，且廉价易得；（2）熔盐的熔点尽量低，熔融状态蒸气压尽可能小；（3）熔盐的阳离子可通过离子交换置换出钾长石中的 K^+，且越多越好。满足以上要求，且被广泛使用的熔盐有 NaCl、Na_2SO_4 和 $CaCl_2$。

NaCl 与钾长石熔融反应浸出钾是一个可逆反应，表达式如下：

$$NaCl + KAlSi_3O_8 \rightleftharpoons KCl + NaAlSi_3O_8 \tag{1-3}$$

反应过程中固相的钾离子被钠离子代替之后进入溶液。随着反应深入进行，固相中的钾离子浓度逐渐降低，相应的钠离子浓度增加，直到最后形成动态平衡，此时钾的浸出率达到最大。熔融反应是在固液相界面发生的，过程中只有 NaCl 完全融化，浸出率才可达到更高。但若反应温度过高，部分 $KAlSi_3O_8$ 将发生焙烧反应，钾的浸出率降低。NaCl 与 $KAlSi_3O_8$ 质量比为 1∶1，适宜的反应温度为 890~950℃[51-53]。

当助剂 $CaCl_2$ 与 $KAlSi_3O_8$ 反应时，两个钾离子被钙离子替换，钾长石骨架脱去四个 SiO_2 以平衡电荷，生成钙斜长石和可溶性钾，整个钾长石的结构并未被破坏。化学方程式如下：

$$CaCl_2 + 2KAlSi_3O_8 \rightleftharpoons 2KCl + CaAl_2Si_2O_8 + 4SiO_2 \tag{1-4}$$

以 $CaCl_2$ 为助剂处理钾长石，钾的浸出率可达到 90% 以上，但反应生成大量没有工业价值的残留废渣——钙斜长石[54-55]。

熔盐离子交换法处理钾长石，钾的浸出率受平衡常数控制，反应时间长，能耗大且浸出渣排放量大、利用困难[56]。

1.4.1.3　水热法

研究学者 Yamasaki 设计了一个在水热条件下以 $Ca(OH)_2$ 为助剂处理钾长石的方法，发生的反应如下：

$$15Ca(OH)_2 + 2KAlSi_3O_8 = 3CaO \cdot Al_2O_3 + 6(2CaO \cdot SiO_2) + 2KOH + 14H_2O \tag{1-5}$$

实验中以 $Ca(OH)_2$ 为助剂在水热条件下分解钾长石制得可溶性钾化合物，提钾渣可用于制备保温材料、矿物聚合材料等。马鸿文课题组研究了减少助剂 $Ca(OH)_2$，钾长石在水热条件下分解，从而合成雪硅钙石。雪硅钙石耐火度较高，可作为制备保温材料的原料。此方法的合成物较传统水热法得到的产物附加值高且用途广泛[57-60]。化学反应方程式为

$$13Ca(OH)_2 + 4KAlSi_3O_8 = Ca_3Al_2(SiO_4)_2(OH)_4 +$$
$$2(Ca_5Si_5AlO_{16.5} \cdot 5H_2O) + 2K_2O + H_2O \tag{1-6}$$

水热分解工艺产品附加值高，符合清洁生产的要求。但水热法存在的主要问题是工艺流程复杂，体系中的液固比大，且滤液中的氧化钾的含量较低，后续制备钾产品蒸发所需的能耗高，故其可行性不高[61-63]。

1.4.1.4　高压水化法

高压水化法俗称水热碱法，是 20 世纪 50 年代后期由苏联学者发明的。此法最初用于处理高硅铝土矿，以期望解决采用拜耳法产生赤泥，造成矿物中的氧化铝和化工原料氧化钠浪费的问题。该法提出后世界各国均展开了各种各样的研究[64-65]。高压水化法处理钾长石是在高温、高碱浓度的循环母液中，添加一定量的石灰的湿法反应。主要反应如下：

$$2KAlSi_3O_8 + 12Ca(OH)_2 \xlongequal{\quad\quad} 2KAlO_2 + 6(2CaO \cdot SiO_2 \cdot 2H_2O) \quad (1-7)$$

高压水化法处理钾长石，可在较低温度、较短时间内，同时提取钾长石中的氧化钾和氧化铝。氧化钾的浸出率可达 80% 以上，可用于制备钾化合物。氧化铝的浸出率可达 75% 以上，可用于制备氧化铝或氢氧化铝产品。浸出渣的主要物相为水合硅酸钙（$Ca_2SiO_4 \cdot 2H_2O$），可作为制备水泥的原料，整个工艺的资源利用率高。但该方法工艺流程复杂，所需压力高，物料流量大，尾渣排放量占物料总量的 90% 以上。若尾渣只作为产品附加值低的水泥原料，经济效益低。

该法是一个具有应用前景的方法。因为利用此法（按其原理）几乎可以处理所有高硅原料，而且理论上有价成分不会在过程中损失。近几年来，随着高压管道技术的发展，高压水化法有望实现工业化。

1.4.2　硅铝氧架破坏法

离子交换法置换出钾长石中位于环间较大空隙的 K^+，基本没有破坏掉其骨架结构而留下钠长石、钙长石等尾渣。如若在提钾同时破坏掉钾长石的架状结构，则有可能既达到提钾目的，同时又对铝、硅元素加以综合利用，如制造氧化铝、高附加值的无机硅化物等。

1.4.2.1　高温烧结法

钾长石与石灰石、磷石矿、白云石等原料一起，经"两磨一烧"，可制得含多种营养元素的复合钾肥。随着原料配比不同，可分别制备钙镁磷钾肥、钾钙镁肥、钾钙磷肥、钾钙肥、硅镁钾肥等。该制备技术工艺流程简单，生产设备与水泥工业相同。制得产品营养元素种类多且具有一定的缓释效果，肥料中营养元素利用效率高。但是该法反应温度高，能耗高，生产环境极差，而产品的总养分含量低，长期使用必然破坏土壤的团粒结构，使土壤沙漠化。因此，在倡导建设资源节约型、环境友好型社会的今天，该方法的发展应受到严格控制。

1.4.2.2　石灰石烧结法

石灰石烧结法是由俄罗斯在 20 世纪 50 年代提出的。由于铝土矿资源缺乏，利用霞石正长岩生产氧化铝的方法应运而生。此方法同时伴有碳酸钾、碳酸钠和硅酸盐水泥生成。其主要流程为霞石正长岩与石灰石粉混合均匀后，在 1300℃ 烧结。反应过程中生成 β-硅酸二钙和碱金属铝酸盐。烧结后的熟料与氢氧化钠溶液反应，碱金属铝酸盐进入溶液，β-硅酸二钙则以固体的形式留在渣中。这个工艺实现了铝与硅的分离。溶液通过碳酸化得到氢氧化铝。再通过分离结晶制备碳酸钾和碳酸钠[66]。主要化学反应方程式如下：

$$KAlSi_3O_8 + 6CaCO_3 \Longrightarrow KAlO_2 + 3Ca_2SiO_4 + 6CO_2 \uparrow \qquad (1-8)$$

$$2KAlO_2 + CO_2 + 3H_2O \Longrightarrow 2Al(OH)_3 \downarrow + K_2CO_3 \qquad (1-9)$$

石灰石烧结法处理钾长石矿已经实现工业化应用，但该方法还存在烧结温度高，石灰石消耗量大，能耗高，污染严重，副产品水泥的经济附加值低等缺点。

1.4.2.3 纯碱-石灰石烧结法

高温下以石灰石和碳酸钠作为分解助剂可使钾长石分解。化学反应方程式为

$$KAlSi_3O_8 + Na_2CO_3 + 4CaCO_3 \Longrightarrow 2Ca_2SiO_4 + Na_2SiO_3 + KAlO_2 + 5CO_2 \uparrow$$
$$(1-10)$$

钾长石中的钾和硅分别转化为可溶性的偏铝酸钾和硅酸钠，经碱液浸出分离得到的残渣可作为生产水泥的原料。在最佳反应温度1280~1330℃，氧化钾的平均挥发率为22%，但大多挥发的氧化钾可在烟道中冷凝回收[67-74]。此处理方法能耗高，氧化钾挥发严重，在实际操作中处理困难[75-79]。

1.4.2.4 石膏-石灰石烧结法

使用石灰石和石膏作为添加剂，化学反应方程式如下：

$$2KAlSi_3O_8 + 14CaCO_3 + CaSO_4 \Longrightarrow K_2SO_4 + 6Ca_2SiO_4 + Ca_3Al_2O_6 + 14CO_2 \uparrow$$
$$(1-11)$$

在钾长石：石膏：碳酸钙质量比1：1：3.4、烧结温度1050℃、烧结时间2~3h的条件下，钾长石的分解率可达92.8%~93.6%。产物经浸出、过滤，得到的滤渣铝酸三钙和β-硅酸二钙可用于生产水泥[80]。滤液则用于制备硫酸钾。

若添加少量矿化剂如硫酸钠、氟化钠等，可降低烧结温度100~200℃。但物料配比过高，将会导致资源消耗量大、能耗高且有大量废弃渣排出，污染环境等问题的出现[81-82]。若将石灰石-石膏烧结法与高效利用脱硫灰渣或低品位钾磷共生矿结合起来，资源利用率将显著提高，达到工业生产需求。

王光龙等利用硫酸分解磷矿石后留下的石膏废渣，与石灰石、钾长石混合，在高温条件下烧结制备硫酸钾[83-84]。邱龙会等利用硫酸酸解磷钾共生矿后留下的残渣，添加石灰石、石膏混合焙烧制备硫酸钾[85]。石林等将钾长石与脱硫灰渣混合焙烧，制备钾钙复合肥[86-87]。

1.4.2.5 火碱烧结法

钾长石与氢氧化钠混合均匀，在500℃焙烧，化学反应方程式如下：

$$2KAlSi_3O_8 + 2NaOH \Longrightarrow 2NaAlSiO_4 + 3SiO_2 + K_2SiO_3 + H_2O \qquad (1-12)$$

烧结过程中，氢氧化钠破坏了钾长石的结构，使之转化为霞石结构。钾的浸出率随之上升。在两者质量比为1：1时，钾的浸出率可达到98.06%。火碱烧结

法的不足之处在于产生大量的废渣，与氯化钙作助剂时相似。其主要固相产物霞石可与少量全铁生产硅酸盐玻璃和陶瓷。

1.4.2.6 低温烧结法

低温烧结法是通过添加助剂，在较低温度下分解钾长石。助剂的选择要满足以下条件：(1) 助剂能破坏钾长石的结构；(2) 选择熔点较低的助剂，使钾长石与液相助剂反应，达到改变反应条件，增加反应接触面积，提高反应率的目的；(3) 选择阴离子电负性大且阳离子半径小于钾离子的助剂[88-90]。

钾长石可在 $(NH_4)_2SO_4$、H_2SO_4、CaF_2 存在的情况下在低温下焙烧分解，反应方程式如下：

$$2KAlSi_3O_8 + 13CaF_2 + 14H_2SO_4 \Longrightarrow K_2SO_4 + 13CaSO_4 + 6SiF_4\uparrow +$$
$$Al_2O_3 + 2HF\uparrow + 13H_2O \tag{1-13}$$

低温焙烧分解 $KAlSi_3O_8$，氟化物和硫酸盐起着重要作用。在温度为 200℃ 时，CaF_2 和 H_2SO_4 的混合物的作用机理类似于 HF 对钾长石的分解作用。有 F^- 存在，200℃加入 H_2SO_4 可以破坏钾长石的框架结构，并使钾离子浸到溶液中。通过这种方法可使钾长石在低温和低能耗的条件下反应分解，但助剂的使用量大且反应过程中会产生大量强腐蚀性和挥发性气体如 HF、SO_3、NH_3，对设备、环境和操作者的健康造成伤害[91-94]，故低温焙烧法没有实现工业化。

1.4.2.7 复合酸解法

复合酸解法采用低温、常压分解钾长石，综合利用矿石中的氧化铝、氧化钾、二氧化硅等组分，分别制备具有高附加值的产品。

钾长石-氢氟酸-硫酸反应体系，在低温、常压下发生的反应如下：

$$2KAlSi_3O_8 + 4H_2SO_4 + 24HF \Longrightarrow Al_2(SO_4)_3 + K_2SO_4 + 6SiF_4\uparrow + 16H_2O$$
$$\tag{1-14}$$

该方法具有产品含钾高、能耗低、工艺流程简单等优点。但是氢氟酸具有毒性和强腐蚀性[95-98]，且反应过程产生有毒的 SiF_4 气体，污染环境，对设备要求高，助剂用量大。

针对以上情况，研究者设计了一种对钾长石-氢氟酸-硫酸复合酸解法的改进方法，即利用萤石替代氢氟酸[99-102]。该工艺的化学反应见式（1-13），同样也产生有毒的 SiF_4 气体。

1.5 二氧化硅的性质和用途

1.5.1 二氧化硅的性质

二氧化硅又称硅石。在自然界分布很广，如石英、石英砂等。白色或无色，含铁量较高的是淡黄色。密度 2.2~2.66g/cm³，熔点 1670℃（鳞石英）、1710℃（方石英），沸点 2230℃，相对介电常数为 3.9。不溶于水微溶于酸，呈颗粒状态时能和熔融碱类反应。化学性质比较稳定。不溶于水也不跟水反应，是酸性氧化物，它不与除氟、氟化氢以外的卤素、卤化氢以及硫酸、硝酸、高氯酸反应（热浓磷酸除外）。常见的浓磷酸（或者说焦磷酸）在高温下可腐蚀二氧化硅，生成杂多酸。高温下熔融硼酸盐或者硼酸酐亦可腐蚀二氧化硅，鉴于此性质，硼酸盐可以用于陶瓷烧制中的助熔剂。除此之外氟化氢也可使二氧化硅溶解，生成易溶于水的四氟化硅：

$$SiO_2 + 4HF \Longrightarrow SiF_4\uparrow + 2H_2O \tag{1-15}$$

二氧化硅与热的浓强碱溶液或熔化的碱反应生成硅酸盐和水。与多种金属氧化物在高温下反应生成硅酸盐。

1.5.2　二氧化硅的用途

在冶金上，二氧化硅是生产硅铁合金、硅铝合金等的原料或熔剂、添加剂和硅金属。建筑上，二氧化硅是混凝土、胶凝材料、人造大理石、水泥物理性能检验的材料（即水泥标准砂）等。陶瓷及耐火材料方面，二氧化硅是生产筑路材料、窑炉用高硅砖、瓷器的胚料和釉料，碳化硅等的原料以及普通硅砖。在化工上，二氧化硅是生产硫酸塔的填充物，水玻璃等的原料和硅化合物，可用来生产消光剂，亦可以作为涂料增稠剂；无定形二氧化硅也可作为吸附剂来使用；在橡胶中添加二氧化硅，可提高橡胶的耐磨度，可降低轮胎滚动阻力的同时可改善轮胎的耐磨性和抗湿滑性。在机械上，二氧化硅是铸造型砂的主要原料，研磨材料（喷砂、硬研磨纸、砂纸、砂布等）。在电子上，二氧化硅用于生产高纯度金属硅、通信用光纤等。在食品工业中，二氧化硅主要用于防止粉状食品聚集结块，以保持自由流动的一类食品添加剂。在药品生产中，二氧化硅可作为助流剂、催化剂载体等[103-107]。

1.6　白炭黑产品的制备

1.6.1　白炭黑的性质

白炭黑，又称水合二氧化硅（$SiO_2 \cdot nH_2O$），活性二氧化硅或沉淀二氧化硅，因其外观呈白色，在橡胶中有类似于炭黑的补强性能而得名。主要是指气相二氧化硅、沉淀二氧化硅、气凝胶和超细二氧化硅凝胶等白色粉末状的无定形二氧化硅（硅酸）和硅酸盐[108-111]。白炭黑一次粒子直径为 10~1000nm 且为多孔性物质，由于 nH_2O 以表面羟基形式存在，因此白炭黑易吸水而成为聚集体。白炭黑无味、无毒、质轻、密度小、熔点高、耐高温，能溶于氢氟酸和碱，不溶于水和酸。具有粒径小、比表面积大、化学稳定性好、高吸附性、高分散性、绝缘等特点，还有补强和增黏作用以及良好的分散、悬浮和振动液化特性[112-115]。

1.6.2　白炭黑的制备方法

白炭黑的制备方法有多种，大致可分为物理法和化学法。利用物理法制备的白炭黑产品质量差，故此法没有得到广泛应用。化学法包括湿法沉淀法和干法沉淀法。干法沉淀法一般可分为电弧法和气相法。目前，国内外一般都采用气相法制备高性能的纳米白炭黑。湿法沉淀法一般按其形成可分为沉淀法和凝胶法。凝胶法一般有干燥法和气凝胶法。沉淀法通常以水玻璃为原料，主要有硫酸法、盐酸法、碳酸法、二氧化碳法和水热法等。其中，硫酸法和盐酸法较为常用。沉淀法由于工艺简单，生产条件稳定，成本较低，产量大，是目前工业生产中普遍采用的方法。现对以上方法加以介绍，见图 1-1。

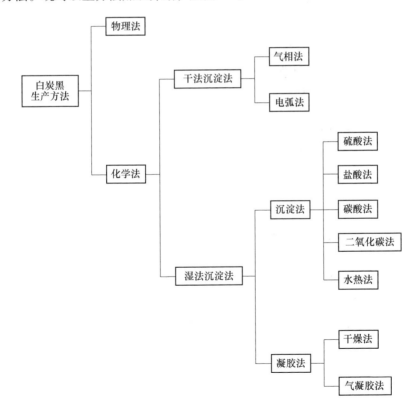

图 1-1　白炭黑的制备方法

1.6.2.1 沉淀法

传统的沉淀法又称硅酸钠酸化法，是利用无机酸与水玻璃反应生成沉淀，再通过过滤、洗涤、干燥等工序得到球形的、高分散且疏松的二氧化硅粉体，二氧化硅质量分数一般在90%左右[116-118]。其离子反应方程式如下：

$$Na_2SiO_3 + 2H^+ === SiO_2 + H_2O + 2Na^+ \tag{1-16}$$

沉淀过程中溶液体系的pH值控制在8~9。溶液的pH值在5~7时，易生成硅凝胶；溶液的pH值大于10.5时，二氧化硅粉体会解聚成硅酸根离子[119]。利用沉淀法制备白炭黑，产品成本低、生产工艺简单、制备的产品活性低，广泛应用于橡胶、塑料、染料、造纸等领域[120]，沉淀法制备白炭黑的生产工艺流程见图1-2。

图1-2   沉淀法制备白炭黑的生产工艺流程

1.6.2.2 溶胶-凝胶法

溶胶-凝胶法是利用无机盐或金属醇盐作为原料，通过沉淀或水解反应制备非金属氧化物或金属氧化物的均匀溶胶。再通过溶胶-凝胶转化过程，形成网络状无机或有机聚合物。凝胶化后，再经过陈化、干燥和热处理得到产物。该方法反应条件温和，易获得纯度高、活性大、分散性良好、比表面积大、悬浮性好的白炭黑粉体。但此方法存在处理流程繁琐的缺点。目前，常利用此方法制备二氧化硅气凝胶、微孔纳米二氧化硅以及二氧化硅同其他纳米颗粒相结合的复合材料[121]。

1.6.2.3 气相法

气相法制备白炭黑是利用三氯一甲基硅烷或四氯化硅等硅的氯化物在氢氧焰中发生水解反应，生成颗粒状的二氧化硅。这些颗粒互相碰撞，形成有分支的、三维的、键状聚集体。当体系温度低于二氧化硅的熔点，颗粒则进一步碰撞，引起键的机械缠绕，生成附聚物[122-123]。其化学反应方程式如下：

$$SiCl_4 + 2H_2 + O_2 === SiO_2 + 4HCl \tag{1-17}$$

$$CH_3SiCl_3 + 2H_2 + 3O_2 === SiO_2 + CO_2 + 2H_2O + 3HCl \tag{1-18}$$

气相法制备的白炭黑洁净度高、粒径小（一次粒子为7~20nm）、表面光滑、品质好，一般用于精细填料。但生产成本高、能耗高、流程长。气相法制备白炭黑的生产工艺流程见图1-3。

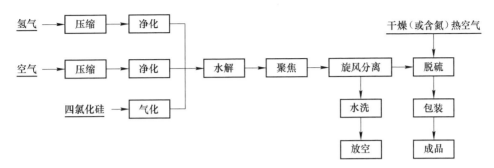

图 1-3 气相法制备白炭黑的生产工艺流程

1.6.2.4 非金属矿物法

近年，发生以硅藻土、蛋白土、蛇纹石、膨润土、高岭土、硅灰石、石英砂、海泡石、凹凸棒石、煤矸石等非金属矿为硅源制备白炭黑的生产方法[124-127]。这种技术的关键是将晶体的二氧化硅和硅酸盐转变成非晶态的二氧化硅，此法称离解法或非金属矿物法。

1.6.3 白炭黑的用途

白炭黑广泛应用于轮胎橡胶、胶鞋、食品、牙膏工业以及载体填充和油漆消光等领域，所占比例为：胶鞋生产占45%，轮胎生产占16%，其他浅色橡胶制品生产占6%，牙膏生产占9%，涂料、造纸领域占8%，其他用途占16%[128-133]。在橡胶工业中，白炭黑是补强剂，它能大幅提高胶料的物理性能，减少胶料滞后，降低轮胎的滚动阻力，同时不损失其抗湿滑性。在塑料中添加白炭黑，可提高材料的强度、韧性，明显提高防水性和耐老化性。在油墨油漆和涂料中，添加白炭黑能使制剂色泽鲜艳、增加透明感、打印清晰、漆膜坚固[134-136]。在农药工业中，白炭黑可作为防结块剂、分散剂，具有提高吸收和散布的能力。此外，白炭黑在超细复合粒子方面、造纸、饲料工业、化学工业等领域中也得到广泛应用[137-139]。

1.7 实验原料和试剂

1.7.1 实验原料

1.7.1.1 化学成分分析

实验所用钾长石矿石产自辽宁地区，经研磨筛分，用于本章实验研究。本实验为确定钾长石矿石的化学组成成分，选用电感耦合等离子体发射光谱仪进行分析，分析结果如表 1-3 所示。由表可知钾长石矿石中 K_2O、Al_2O_3、SiO_2、Na_2O 的含量较高，其中 SiO_2 的含量高达 70% 以上，若只对矿物提钾，将产生大量废料，造成资源浪费和环境污染。因此采取综合利用的方法，分离提取钾长石中的各有价元素更具经济价值。

表 1-3　钾长石的主要化学组成　　　　　（质量分数/%）

成　分	K_2O	SiO_2	Al_2O_3	Na_2O	Fe_2O_3	CaO	MgO
含　量	7.90	70.41	16.13	2.45	0.38	0.99	0.16

1.7.1.2　微观形貌分析

选用日本岛津公司的 SSX-550 型扫描电子显微镜和日本 JEOL 公司的 JEM-2200FS 型场发射扫描电镜对达到粒度要求的钾长石微观形貌进行表征，扫描分析条件为：工作电压 15kV，加速电流 15mA，工作距离 17mm，表征结果见图 1-4。如图 1-4（a）所示，钾长石呈大小均匀的颗粒状，密度与硬度均较大；图 1-4（b）~（e）为对钾长石颗粒面的主要元素含量检测结果，由图可见矿石中含钠元素较少，含钾、铝、硅元素较多。

5μm

(a)

Si Kα1

(b)

Al Kα1

(c)

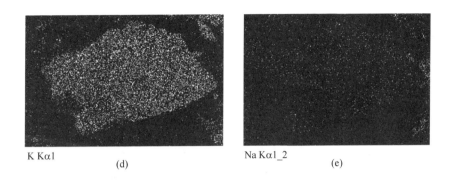

图 1-4 钾长石的 SEM 图 (a) 和钾长石颗粒面扫描图 ((b) ~ (e))

1.7.1.3 物相组成分析

实验通过 D/max-2600PC 型 X 射线衍射仪表征钾长石矿石的物相组成。测定条件为：使用 Cu 靶 Kα 辐射，波长 $\lambda = 1.544426 \times 10^{-10}$ m，工作电压 40kV，2θ 衍射角扫描范围 10°~90°，扫描速度 0.033(°)/s。钾长石的 XRD 图如图 1-5 所示。由图 1-5 可知，钾长石的主要物相为游离态 SiO_2、$KAlSi_3O_8$ 和 $NaAlSi_3O_8$，其特征衍射峰突出且晶体类型较优。

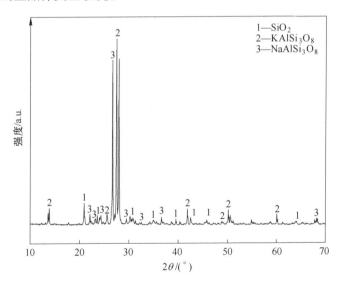

图 1-5 钾长石的 XRD 图

1.7.2 实验试剂

本章实验所需实验试剂见表 1-4。

表 1-4　实验试剂

名　　称	分子式	规　格	厂　　家
氢氧化钠	NaOH	分析纯	天津市科密欧化学试剂有限公司
盐酸	HCl	分析纯	天津市福晨化学试剂厂
氟化钠	NaF	分析纯	汕头市西陇化工厂
无水邻苯二甲酸氢钾	$C_8H_5O_4K$	分析纯	天津市光复科技发展有限公司
甲基红	$C_{15}H_{15}N_3O_2$	分析纯	温州市华侨化学试剂有限公司
甲基橙	$C_{14}H_{14}N_3NaO_3S$	分析纯	天津市科密欧化学试剂有限公司
酚酞	$C_{20}H_{14}O_4$	分析纯	天津博迪化工股份有限公司

1.8　分析仪器与设备

1.8.1　分析仪器

本实验所需分析仪器见表 1-5。

表 1-5　分析仪器

名　　称	型　　号	厂　　家
X 射线衍射仪	Ultima IV 型	日本理学公司
扫描电子显微镜	JEM-ARM200F 型	日本岛津公司
场发射透射扫描电子显微镜	JEM-2200FS 型	日本 JEOL 公司
电感耦合等离子体发射光谱仪	Prodigy 型	美国 Leeman 公司

1.8.2　实验设备

本章实验所需实验设备见表 1-6。

表 1-6　实验设备

名　　称	型　　号	厂　　家
电子天平	FA1204B 型	上海精密科学仪器有限公司
球磨机	JZQM-9000 型	鹤壁精中科技有限公司
振动磨	XQM-U4L	南昌化验样机厂
密封式化验制样粉碎机	GJ-3 型	南昌化验样机厂
高速中药粉碎机	DFT-100 型	上海垒固仪器有限公司
程控箱式电炉	SXL-1216 型	上海精宏实验设备有限公司

名　　称	型　　号	厂　　家
电热恒温鼓风干燥箱	DHG-9015A 型	上海一恒科技有限公司
电热恒温水浴锅	HWS-12 型	上海一恒科技有限公司
镍铬镍硅热电偶	WRNK-131 型	泰州市双华仪表有限公司
智能温度控制仪	ZWK-1600 型	吴江市龙马电器有限公司
搅拌器	J100 型	沈阳工业大学
搅拌器数显调节仪	MODELW-02 型	沈阳工业大学

1.9　实　验　原　理

钾长石为网状四面体结构，其中一个 Si 或 Al 被四个 O 环绕，K$^+$ 和 Na$^+$ 分散于其骨架的缝隙中，整体呈架状结构，由于其结构紧密且稳定，使其化学性质也十分稳定，高温条件下才能熔融分解，常温常压下只与 HF 发生反应，与其他任何酸、碱不发生反应。

将钾长石和 NaOH 按一定摩尔比进行混料焙烧，当加热至最低共熔点时，反应出现液相。伴随着反应温度的不断升高反应物逐渐成为熔融状态，从而加大了反应物的接触面积，反应条件改善，反应速率加快。

NaOH 低温焙烧法，破坏了钾长石中的一部分硅氧键，这部分硅氧键和钾长石中作为石英石形式存在的二氧化硅与 NaOH 反应生成 Na_2SiO_3，K、Al 和 Na 在水溶渣中富集。该过程中发生的反应式如下：

$$KAlSi_3O_8 + 4NaOH \Longrightarrow KAlSiO_4 + 2Na_2SiO_3 + 2H_2O \qquad (1-19)$$

$$NaAlSi_3O_8 + 4NaOH \Longrightarrow NaAlSiO_4 + 2Na_2SiO_3 + 2H_2O \qquad (1-20)$$

$$SiO_2 + 2NaOH \Longrightarrow Na_2SiO_3 + H_2O \qquad (1-21)$$

1.10　实　验　步　骤

NaOH 低温焙烧钾长石制备二氧化硅工艺流程如图 1-6 所示。

1.10.1　焙烧

利用高速粉碎机将钾长石矿石进行粉碎磨细，再按不同的粒度筛分。将钾长石与 NaOH（粒度小于 70μm）按照一定的摩尔比放入坩埚中混匀，在常态下置于程控箱式电炉中，待加热升温至所需温度进行计时，焙烧达到设定时间后，快速取出试样并终止反应进行。

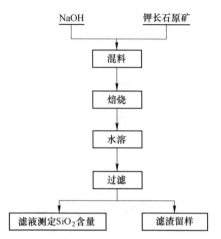

图 1-6　NaOH 低温焙烧钾长石制备二氧化硅工艺流程图

1.10.2　水溶

将焙烧所得熟料粉碎磨细后按不同的粒度筛分，将所得一定粒度的熟料置于烧杯中再加入液固比（mL/g）为 4∶1 的去离子水，烧杯用保鲜膜密封并放入电热恒温水浴锅中，待达到溶出温度时，加热搅拌 30min。该过程使熟料中的 Na_2SiO_3 充分溶解在水溶液中，通过真空抽滤装置进行过滤分离，得到 Na_2SiO_3 溶液和含 K、Na、Al 的富集渣，滤渣洗涤烘干留样。

1.10.3　二氧化硅含量测定

本章实验对二氧化硅含量的测定采用快速滴定法。

1.10.3.1　测定原理

Na_2SiO_3 水解会产生 OH^-，可利用盐酸标准溶液进行滴定。待滴定到达终点，向试样中加入过量氟化钠，其会与溶液中的 H_2SiO_3 反应生成固体 Na_2SiF_6 和 NaOH，接着向溶液中滴加过量盐酸标准溶液，再用氢氧化钠标准溶液回滴。该过程发生的反应式如下：

$$2H_2O + Na_2SiO_3 \Longrightarrow 2NaOH + H_2SiO_3 \tag{1-22}$$

$$NaOH + HCl \Longrightarrow NaCl + H_2O \tag{1-23}$$

$$H_2O + 6NaF + H_2SiO_3 \Longrightarrow Na_2SiF_6 + 4NaOH \tag{1-24}$$

1.10.3.2　测定步骤

向锥形瓶中加入 5mL 的待测溶液，再加入甲基红指示剂 15~20 滴与约 0.1g 的氟化钠，混合均匀，待溶解后溶液为黄色。将待测溶液用盐酸标准溶液滴定至红色且颜色不发生变化，再过量滴 4~5 滴，此时记录所消耗的盐酸体积为 V_a

（精确至小数点后两位）；然后再用氢氧化钠标准溶液滴定至黄色且颜色不发生变化，再过量滴 4~5 滴，此时记录所消耗的氢氧化钠体积为 V_b；再做一组空白实验，将该过程消耗的盐酸体积记为 V_c，消耗的氢氧化钠体积记为 V_d。二氧化硅提取率（α）的计算公式如下：

$$\alpha = \frac{15\left[C_a(V_a - V_c) - C_b(V_b - V_d)\right]V}{vm} \times 100\% \qquad (1-25)$$

式中　C_a——盐酸标准溶液的浓度，mol/L；

C_b——氢氧化钠标准溶液的浓度，mol/L；

15——与 1mol 盐酸标准滴定溶液相当的以克表示的二氧化硅的质量，g/mol；

V_a——滴定中消耗的盐酸标准溶液体积，mL；

V_b——滴定中消耗的氢氧化钠标准溶液体积，mL；

V_c——空白实验中消耗的盐酸标准溶液体积，mL；

V_d——空白实验中消耗的氢氧化钠标准溶液体积，mL；

V——溶液的总体积，mL；

v——所取溶液的体积，mL；

m——试样中二氧化硅质量，g。

1.10.3.3 标准溶液的标定

A　盐酸标准溶液的标定方法

精确称量无水 Na_2CO_3 0.4000g 溶于 50mL 去离子水中，向其加入 2 滴 1g/L 甲基橙指示剂，将上述溶液用盐酸标准溶液滴定至由黄色变为橙色，煮沸 2min 左右，再次进行滴定，当橙红色不再变化时记录盐酸标准溶液的消耗量 V_a。同时进行空白实验，将消耗的盐酸量记为 V_b。计算盐酸标准溶液浓度的公式如下：

$$C = 0.0529m/(V_a - V_b) \qquad (1-26)$$

式中　V_a——滴定中消耗的盐酸标准溶液体积，mL；

V_b——空白实验中消耗的盐酸标准溶液体积，mL；

m——无水 Na_2CO_3 的质量，g。

B　氢氧化钠标准溶液标定方法

精确称取无水邻苯二甲酸氢钾 0.6000g 溶于 50mL 去离子水中，向其加入 5 滴 5g/L 的酚酞指示剂，将上述溶液用氢氧化钠标准溶液滴定至红色且保持 30s 内颜色不变则为滴定终点，此时记录氢氧化钠标准溶液的消耗量 V，同时进行空白实验。计算氢氧化钠标准溶液浓度的公式如下：

$$C = 4.90m'/V \qquad (1-27)$$

式中　m'——无水邻苯二甲酸氢钾的质量，g；

V——滴定中消耗的氢氧化钠标准溶液体积，mL。

1.11 实验结果与讨论

1.11.1 焙烧温度对二氧化硅提取率的影响

在焙烧时间 2h，碱矿摩尔比 4∶1，物料粒度小于 70μm 的条件下，焙烧温度设定范围为 400~650℃，得到了二氧化硅提取率随焙烧温度的变化曲线，见图 1-7。由图 1-7 可知，二氧化硅的提取率随着焙烧温度的升高变化显著，在 550℃ 时二氧化硅提取率曲线达最大值点。

当焙烧温度低于 550℃ 时，由于焙烧温度逐渐升高，使得活化分子数量逐渐增大，提高了反应速率，二氧化硅提取率便随之增大，但反应进行仍不完全，只有部分 NaOH 参与了反应，未达到完全破坏钾长石结构的目的；而当焙烧温度达到物料最低共熔点 450℃ 时，反应体系中出现液相，反应物的接触面积增大，反应条件得以改善，钾长石的结构也得到了完全破坏，反应率得到提高；当焙烧温度高于 550℃ 时，物料中的一部分 Na_2SiO_3 与霞石形成玻璃态化合物并且伴随着二氧化硅固体生成，不利于后续对焙烧渣中其他组分的回收利用。因此最佳焙烧温度应选择 550℃。

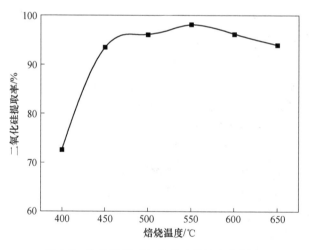

图 1-7 焙烧温度对二氧化硅提取率的影响

1.11.2 焙烧时间对二氧化硅提取率的影响

在焙烧温度 550℃，碱矿摩尔比 4∶1，物料粒度小于 70μm 的条件下，焙烧时间设定为 0.5~3h（间隔为 0.5h），研究焙烧时间对钾长石矿石中二氧化硅提取率的影响，如图 1-8 所示。

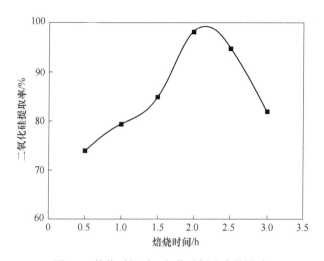

图 1-8　焙烧时间对二氧化硅提取率的影响

如图 1-8 所示，二氧化硅的提取率随着焙烧时间的延长变化显著，在焙烧时间为 2h 时二氧化硅提取率曲线达最大值点 98.12%，此时钾长石的结构得到彻底的破坏，换而言之当反应体系进行到 2h，反应已完全进行；物料中的霞石在焙烧时间达到 2.5h 时逐渐消失，并且伴随二氧化硅固体的出现，致使二氧化硅提取率降低。因此最佳的焙烧时间应选择 2h。

1.11.3　碱矿比对二氧化硅提取率的影响

在反应温度 550℃，反应时间 2h，物料粒度小于 70μm 的条件下，设定 NaOH 和钾长石碱矿摩尔比分别为 2∶1、3∶1、4∶1、5∶1、6∶1，得到了二氧化硅提取率随 NaOH 和钾长石碱矿摩尔比的变化曲线，结果见图 1-9 所示。

由图 1-9 可知，随着碱矿摩尔比的增加，二氧化硅提取率也随之增大，当碱矿摩尔比为 4∶1 时二氧化硅提取率曲线达最大值点，此后二氧化硅的提取率趋于稳定。当碱矿摩尔比小于 4∶1 时，体系黏附性大，流动性差，阻碍反应的进行，随着 NaOH 和钾长石碱矿摩尔比变大，体系黏附性减弱，物质间传质速度加快，反应速率提高；当碱矿摩尔比大于 4∶1 时，增加的 NaOH 原料不仅对二氧化硅的提取率影响较小，还造成了物料的浪费与碱循环量的增加。因此 4∶1 是 NaOH 和钾长石反应的最佳碱矿摩尔比。

1.11.4　正交实验结果与分析

以单因素实验所得数据为基础，进行正交实验，研究各因素对 NaOH 低温焙烧钾长石制备二氧化硅的提取率的主次影响，选择最佳的反应条件。选取焙烧温

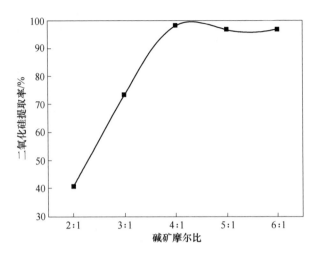

图 1-9　NaOH 和钾长石的摩尔比对二氧化硅提取率的影响

度分别为 500℃、550℃、600℃，焙烧时间分别为 105min、120min、135min，碱矿摩尔比分别为 3.5∶1、4∶1、4.5∶1 三个正交因素，设计了三因素三水平 $L_9(3^3)$ 的正交实验。正交实验因素水平表如表 1-7 所示。

采用极差法统计分析正交实验的实验结果，结果见表 1-8 和图 1-10。由表可知，在各因素的共同作用下，焙烧时间是对二氧化硅提取率影响最大的因素，其次是焙烧温度、碱矿摩尔比；在焙烧温度为 550℃、焙烧时间为 120min、碱矿摩尔比为 4∶1 的最佳条件下，NaOH 低温焙烧钾长石的二氧化硅提取率高达 98.12%。

表 1-7　正交实验因素水平表

水　平	A 焙烧温度/℃	B 焙烧时间/min	C 碱矿摩尔比
1	500	105	3.5∶1
2	550	120	4∶1
3	600	135	4.5∶1

表 1-8　正交实验结果与分析

项　目	A 焙烧温度/℃	B 焙烧时间/min	C 碱矿摩尔比	二氧化硅提取率/%
1	500	105	3.5∶1	80.01
2	500	120	4∶1	96.09
3	500	135	4.5∶1	88.11

项　目	A 焙烧温度/℃	B 焙烧时间/min	C 碱矿摩尔比	二氧化硅 提取率/%
4	550	105	4:1	92.21
5	550	120	4.5:1	95.38
6	600	135	3.5:1	95.23
7	600	105	4.5:1	89.11
8	600	120	3.5:1	92.86
9	600	135	4:1	97.30
K_1	88.07	87.11	89.36	
K_2	94.27	95.57	95.20	
K_3	93.09	93.55	90.87	
R	6.20	8.46	5.84	

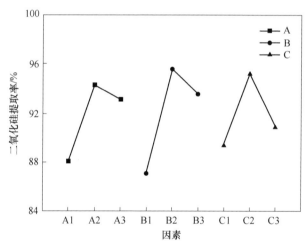

图 1-10　二氧化硅提取率极差趋势图

1.11.5　焙烧熟料分析

经检测得知焙烧熟料的化学成分主要为氧化钾、氧化铝、二氧化硅和氧化钠，总含量达 97.8%，其 XRD 图见图 1-11，可知焙烧熟料中的物相组成主要为霞石、钾霞石和硅酸钠，分别占焙烧熟料的 12.42%、16.84%、67.50%，说明二氧化硅大部分存在于熟料的 Na_2SiO_3 中；通过将图 1-11 与图 1-5 钾长石的 XRD 图进行比对，发现焙烧熟料中已无钾长石中游离态 SiO_2、$KAlSi_3O_8$ 和 $NaAlSi_3O_8$ 的衍射峰存在，从而证实了 NaOH 与钾长石能发生式（1-19）~式（1-21）的反应。

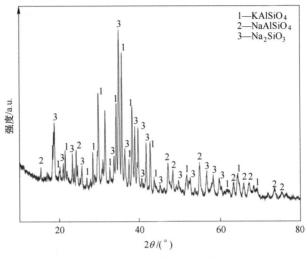

图 1-11 熟料的 XRD 图

1.11.6 水溶渣分析

将焙烧得到的熟料加去离子水溶出、过滤得到水溶渣，分析其化学成分得知水溶渣中的 K_2O 和 Al_2O_3 含量均有所增长，Na_2O 含量有所下降。已知水溶每 100g 熟料可得 39.26g 渣，经计算这与焙烧熟料中不溶化合物的含量相等。水溶渣的 XRD 图见图 1-12，由图 1-12 可知，水溶渣中主要物相组成为 $KAlSiO_4$、$NaAlSiO_4$，二者衍射峰较为突出，说明其晶型好且纯度高。将图 1-12 与图 1-11 进行比对，未发现 Na_2SiO_3 的衍射峰存在，表明经去离子水溶出后，Na_2SiO_3 进入溶液，而 K、Na、Al 等有价元素则形成霞石和钾霞石的富集渣。

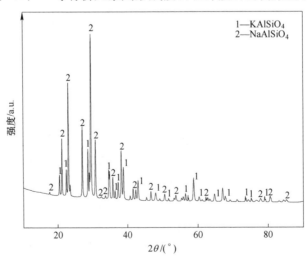

图 1-12 水溶渣的 XRD 图

2 镍资源利用

2.1 镍的性质及用途

镍，一种银白色金属，位于元素周期表中第四周期第Ⅷ族，原子序数为 28，密度 8.90g/cm³。镍能导电、导热，有较好的高温性能，熔点 1455℃，沸点 2730℃。镍具有很高的化学稳定性，在自然界常呈化合物的形式存在，在空气中不易氧化，能耐强碱、盐溶液的腐蚀；镍能缓慢地溶于稀酸中，释放出氢气进而生成绿色的正二价镍离子 Ni^{2+}，但与包括硝酸在内的氧化剂溶液均不发生反应。镍是一个中等强度的还原剂，块状镍一般不会燃烧，细镍丝可燃，特制的细小多孔镍粒在空气中会自燃；当加热时，镍与氧、硫、氯、溴等发生剧烈化学反应。镍同时具有良好的力学性能，质地坚硬，延展性好。镍能与许多金属组成合金，是镍基合金、不锈钢和合金结构钢的主要合金元素。由于镍具有磁性，也是良好的磁性材料。

镍由于其具有抗腐蚀、抗氧化、耐高温、强度高、延展性好等优良性能，已成为现代工业不可缺少的金属。镍可被用来制造不锈钢、高镍合金钢、合金结构钢和永磁材料，广泛用于飞机、雷达、导弹、坦克、舰艇、宇宙飞船、原子能反应堆等各种军工制造业；镍可作陶瓷颜料和防腐镀层，也可制成结构钢、耐酸钢、耐热钢等产品大量用于各种机械制造业；镍可以制造镍阳极、硫酸亚镍、氧化镍以及供给镀镍、制造碱性蓄电池等，是制作电池的材料；镍在石油化工的氢化过程中作催化剂[140-141]。

2.2 镍资源概况

2.2.1 镍的矿床及矿物

在地壳中镍平均含量约为 0.02%，并主要存在于铁镁橄榄岩中。在不同岩石中含镍量一般规律是：MgO 及 Fe_2O_3 等碱性脉石中含镍量高，SiO_2 及 Al_2O_3 等酸性脉石中含镍量低。镍在各种岩石中的平均含量如表 2-1 所示。

在自然界中可供开采的镍矿床并不多，由于从矿山开采出来的矿石镍品位低，大多须经选矿得到镍精矿才能用于冶炼[142]。镍矿通常可分为三类：硫化镍矿、氧化镍矿和砷化镍矿。

表 2-1　含镍岩石的矿物组成　　　　　　　　　（质量分数/%）

岩石名称	Ni	MgO+FeO	$SiO_2+Al_2O_3$
橄榄岩	0.2	43.3	45.9
辉长石	0.016	16.6	66.6
闪长石	0.004	11.7	73.4
花岗岩	0.0002	4.4	78.7

硫化镍矿是由于元素的亲硫性，在熔融岩浆中，当有硫元素存在时，Cu、Ni、Fe、Co 等优先形成硫化物，并富集形成硫化物矿床。当硫化物熔体自较高温度冷却时，Ni、Co、Cu 及贵金属等富集在最先析出的磁黄铁矿中，继续冷却，在固体磁黄铁矿的基体中，又可以析出镍黄铁矿 $(Fe, Ni)_9S_8$ 或镍磁黄铁矿 $(Fe, Ni)_7S_8$、黄铜矿 $CuFeS_2$、硫镍钴矿 $(Ni, Co)_3S_4$ 和硫钴铁矿 $(Fe, Co, Ni)_3S_4$ 等。其中镍黄铁矿含镍可达 34.23%，并富集了几乎全部的铂族金属及大部分钴[140]。硫化镍矿主要集中于一些北半球国家，如加拿大、俄罗斯和中国等。

氧化镍矿是由含镍岩石受风化浸淋蚀变富集而成。如以含镍橄榄石为主的橄榄岩，在含二氧化碳的酸性地面水的长期作用下，橄榄石被分解，Mg、Fe 及 Ni 进入溶液，Si 则趋向于形成颗粒的胶状硅酸，Fe 逐渐氧化并很快呈 $Fe(OH)_3$ 沉淀，最终失去水而形成针铁矿和赤铁矿，少量镍、钴也一起沉淀。Fe 的氧化物沉淀在地表，而 Mg、Ni 及 Si 则留在溶液中进入地表层下，与岩石或土壤作用，被中和之后呈含水硅酸盐沉淀下来。由于 Ni 比 Mg 优先沉淀，故在沉淀的矿石中，其镍镁比高于溶液中的镍镁比，因此镍得以富集。氧化镍矿进一步可划分为含铁高的红土矿和含铁低、含硅高的硅酸镍矿等。由于溶入及沉淀多次发生，故一般红土镍矿中含镍可由原矿的 0.5% 富集到 1.5%～4%。其富集比虽然不大，但富集过程可能经历了几千年到几万年[143]。氧化镍矿则主要沿南北回归线分布，特别集中于两个地带，即新喀里多尼亚和印度尼西亚、菲律宾一带以及古巴和多米尼加一带。

砷化镍矿有砷镍矿 $(NiAs_3)$、红砷镍矿 $(NiAs)$、辉砷镍矿 $(NiAsS)$ 等，其常与砷钴矿伴生，目前未发现有单独的矿床。此类矿物只有北非摩洛哥有少量产出，目前从含镍砷化物提镍仅限于个别国家[144]。

目前已知的镍矿物有 60 种以上，具有工业价值的镍矿物如表 2-2 所示。

表 2-2　具有工业价值的镍矿物

矿物名称	化学式	矿物名称	化学式
镍黄铁矿	$(Fe, Ni)_9S_8$	钴镍黄铁矿	$(Ni, Co)_3S_4$

矿物名称	化学式	矿物名称	化学式
含镍磁黄铁矿	$(Ni, Fe)_7S_8$	暗镍蛇纹石 （水硅镁镍矿）	$4(Ni, Mg)_4 \cdot 3SiO_2 \cdot 6H_2O$
针硫镍矿	NiS		
紫硫镍铁矿	$(Fe, Ni)_2S_4$	硅镁镍矿	$H_2(Ni, Mg)SiO_4 \cdot xH_2O$
辉铁镍矿	$3NiS \cdot FeS_2$	含镍红土矿	$(Fe, Ni)O(OH) \cdot nH_2O$

2.2.2 世界镍资源状况

世界镍资源比较丰富，据美国地质调查局《矿物商品概要 2006》报道，世界已查明的镍金属储量约为 6200 万吨，储量基础约为 14000 万吨。根据 2022 年全球镍矿产量及分布情况分析，世界上镍矿资源分布中红土镍矿约占 55%，硫化物型镍矿占 28%，海底铁锰结核中的镍占 17%。世界主要产镍国家的镍储量和基础储量如表 2-3 所示。

表 2-3 世界镍储量和基础储量

序　号	国家或地区	储量/万吨	基础储量/万吨
1	澳大利亚	2200	2700
2	俄罗斯	660	920
3	古巴	560	2300
4	加拿大	480	1500
5	巴西	450	830
6	新喀里多尼亚	440	1200
7	南非	370	1200
8	印度尼西亚	320	1300
9	中国	110	760
10	菲律宾	94	520
11	其他国家	520	1070
世界合计		6200	14000

数据来源：美国地质调查局。

2.2.3 我国镍矿资源状况

截至 2020 年，我国已探明镍矿区 84 处，分布于全国 19 个省、自治区。我国镍的基础储量为 760 万吨，与西方国家的基础储量相比，位居世界第 9 位，且主要以硫化矿为主。我国镍矿主要分布在西北、西南和东北，其保有储量占全国总储量的比例分别为 76.8%、12.1% 和 4.9%。就各省（区）来看，甘肃储量最多，占全国镍矿总储量的 62%，其次是新疆（11.6%）、云南（8.9%）、吉林（4.4%）、湖北（3.4%）和四川（3.3%）。表 2-4 是我国主要的镍矿床及其开发利用情况。

表 2-4   我国主要的镍矿床、品位及开发利用状况

编号	矿床	位置	规模	镍品位/%	利用情况
1	红旗岭七号岩体	吉林省磐石市	大型	2.25	已采
2	漂河川镍矿 4 号岩体	吉林省蛟河市	小型	0.83	停采
3	长仁镍矿	吉林省和龙市	中型	0.45	未采
4	赤柏松镍矿	吉林省通化市	中型	0.59	已采
5	喀拉通克铜镍矿	新疆维吾尔自治区富蕴县	大型	0.58~0.88	已采
6	黄山铜镍矿	新疆维吾尔自治区哈密市	大型	0.46	未采
7	黄山东铜镍矿	新疆维吾尔自治区哈密市	大型	0.52	未采
8	白家嘴子铜镍矿	甘肃省金川市	大型	0.47~1.64	已采
9	小南山铜镍矿	内蒙古自治区四子王旗	小型	0.64	闭坑
10	拉水峡铜镍矿	青海省化隆县	小型	—	闭坑
11	元石山铁镍矿	青海省	中型	0.84	未采
12	煎茶岭镍矿	陕西省略阳县	大型	0.65	未采
13	樟树墩镍矿	江西省弋阳县	中型	0.24	已采
14	力马河镍矿	四川省会理县	中型	1.01	闭坑
15	冷水箐镍矿	四川省盐边市	中型	0.92	已采
16	杨柳坪铂镍矿区	四川省丹巴县	大型	0.39~0.49	未采
17	天门山镍矿大坪-晓坪矿段	湖南省	大型	0.36	已采
18	吕王银山寨镍矿	湖北省大悟县	大型	0.30	未采
19	长基镍矿	福建省莆田市	中型	0.22	未采
20	白马寨铜镍矿	云南省金平县	中型	1.11	已采
21	金厂、安定镍矿	云南省墨江县、元江县	大型	0.91	未采
22	金厂、安定外围镍矿	云南省墨江县、元江县	大型	0.86	未采
23	大坡岭铜镍矿	广西壮族自治区罗城县	小型	0.55	未采

2.3   氧化镍矿提取方法

氧化镍矿根据其矿物形成的不同主要分为两种类型。一种是褐铁矿型，通常蕴藏在氧化矿床的表层，其主要成分是含铁的氧化矿物，硅、镁、镍等含量较低，其中氧化镍主要是以与铁的氧化物组成固溶体而存在；另一种是硅酸盐型，通常储藏于氧化矿床的较深层，这层矿石中硅、镁含量较高，铁、钴含量较低，在含镍的硅酸盐矿中，镍、铁、钴的氧化物是以不同的比例取代了硅镁矿中的氧化镁，例如蛇纹石 $[Mg_6Si_4O_{10}(OH)_8]$ 中的一部分 MgO 被 NiO 取代。此外，钴和铬的氧化物在氧化矿中呈单独的矿物出现。氧化镍矿中镍常以类质同象形式分散在矿物中，且粒度很细[145]。虽然处理这种低品位原料的加工费用比较大，但其开采容易、原料费低，从而可以得到补偿。

氧化镍矿的冶炼富集方法归纳起来有三大类：火法冶炼工艺、湿法冶炼工艺和火湿法结合冶炼工艺。

2.3.1 火法冶炼工艺

火法冶炼工艺根据其最终产品的不同可分为镍铁熔炼工艺和造锍熔炼工艺。氧化镍矿火法冶炼工艺的基本流程如图 2-1 所示。

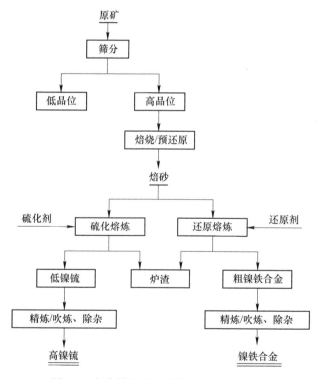

图 2-1　氧化镍矿火法冶炼工艺基本流程图

2.3.1.1　镍铁熔炼法

镍铁熔炼法是一种采用鼓风炉或电炉还原熔炼得到镍铁的方法[146]。一般情况下镍铁熔炼法采用电炉熔炼，可以达到较高的温度，炉内条件易于控制，熔炼产生的废气量少。但为了保证矿石处理的经济性，通常要求矿石达到一定品位，所以在开始熔炼前，首先需对矿石进行筛选，排除风化程度低，品位低的矿石。炉料需预先在回转窑中预热和预还原，炉料的预还原是在固态下进行，温度在538~980℃之间，窑内呈还原气氛。炉料熔化后由固体炭进行还原熔炼，产出粗镍铁合金。在电炉还原熔炼的过程中几乎所有镍和钴的氧化物都被还原成金属，氧化铁还原成金属的量由加入的还原剂量来确定。还原熔炼产出的镍铁需要经精炼以除去杂质，进而产出成品镍铁合金，镍铁合金主要供应生产不锈钢。采用该法生产镍铁合金的工厂主要有法国的新喀里多尼亚的多尼安博冶炼厂、哥伦比亚的塞罗马托莎厂和日本住友公司的八户冶炼厂[147]，镍铁产品中含镍20%~30%，全流程回收率为90%~95%，钴进入合金，不能回收[148]。

2.3.1.2　造锍熔炼法

造锍熔炼法是一种在镍铁熔炼工艺的基础上采用外加硫化剂的方法进行硫化熔炼得到低镍锍，然后再通过转炉吹炼生产高镍锍的方法。通常使用的硫化剂有黄铁矿（FeS_2）、石膏（$CaSO_4 \cdot 2H_2O$）、硫黄和含硫的镍原料等。石膏是一种最常用的硫化剂，因为石膏不含铁，所含CaO还可作为一种有用的熔剂。造锍熔炼一般在鼓风炉中进行，也可以用电炉熔炼。当由矿石、焦炭、石膏及石灰石组成的物料在鼓风炉中下降时，与上升的热还原气体形成对流，于是被加热、还原和熔化，产出镍锍和炉渣。镍锍成分可通过石膏和焦炭的加入量来调整。得到的低镍锍（通常含Ni和Co 20%~30%）以熔融状再送到转炉中吹炼成高镍锍。高镍锍进一步电解生产电解镍，也可以经焙烧产出氧化镍，再进一步还原成金属镍粒。生产高镍锍的工厂主要有新喀里多尼亚的多尼安博冶炼厂、印度尼西亚的苏拉威西·梭罗阿科冶炼厂[149]。高镍锍产品一般含镍79%，含硫19.5%。全流程镍回收率为70%~85%。

火法工艺主要应用于处理镍含量大于1%、铁含量在30%左右、钴含量低的红土镍矿。其最大特点是处理工艺简单，流程短；缺点是能源消耗高，钴也进入镍铁合金或镍锍中，失去了钴应有的价值。

2.3.2　湿法冶炼工艺

湿法冶炼工艺根据其浸出溶液的不同可分为还原焙烧—常压氨浸（RRAL）法和加压酸浸（HPAL）法。

2.3.2.1　还原焙烧—常压氨浸（RRAL）法

还原焙烧—常压氨浸法又称为Caron法，是荷兰冶金学家Caron教授于1924年发明的，其基本流程如图2-2所示。

氨浸法是湿法处理氧化镍矿工艺中应用最早的，其主要过程是将矿石破碎至

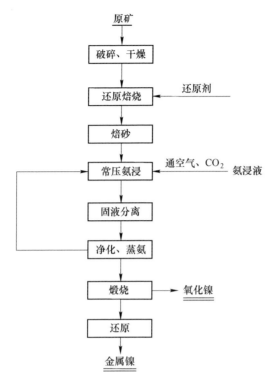

图 2-2 氧化镍矿的还原焙烧—常压氨浸工艺基本流程图

一定粒度后，在干燥窑内干燥，干燥后的矿石经磨矿磨细后在炉内进行选择性还原焙烧。还原焙烧的目的是使硅酸镍和氧化镍最大限度地还原成金属镍，同时控制条件使少量的铁还原成金属铁，而大部分 Fe 仅还原成 Fe_3O_4，然后用氨-碳酸铵溶液在有空气存在的条件下选择性浸出，同时用含氨及二氧化碳的溶液洗涤浸出渣。常压氨浸是利用镍和钴可与氨形成配合物的特性，将金属镍和钴转为镍氨或钴氨配合物进入溶液。浸出液再经净化、蒸氨后产出一种碳酸镍浆料，经干燥、煅烧后产出氧化镍粉，或经氢气还原成金属镍。氨浸法适合于处理含碱性脉石 MgO（MgO 含量大于 10%）、CaO 高、碳酸盐高以及含镍 1% 左右的硅酸盐型氧化镍矿。首次在工业上应用该法的是古巴尼加罗冶炼厂，该厂的镍冶炼回收率已达到 76%。

2.3.2.2 加压酸浸（HPAL）法

加压酸浸工艺是从 20 世纪 50 年代发展起来的，即在一定压力下用硫酸浸出矿石中的镍组分，其原理是在高温和适当的氧位和酸度下，镍、钴、铜、锌等氧化物与 H_2SO_4 作用形成易溶的二价硫酸盐，而铁则以难溶的三价氧化物和 Al_2O_3 等留在渣中。氧化镍矿的加压酸浸工艺基本流程如图 2-3 所示。基本流程为：在

250~270℃、4~5MPa 的高温高压下，用稀硫酸将镍、钴等与铁、铝矿物一起溶解，在随后的反应中，控制一定的 pH 值等条件，使铁、铝、镁和硅等杂质元素水解进入渣中，镍、钴选择性进入溶液，浸出液用硫化氢还原中和、沉淀，得到高质量的镍钴硫化物，再通过传统的精炼工艺产出最终产品[150]。

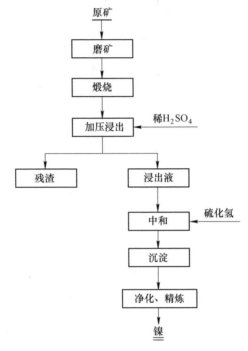

图 2-3　氧化镍矿的加压酸浸工艺基本流程图

加压酸浸工艺生产成本一般低于镍锍工艺。该工艺主要处理含铁、钴较高，含 MgO 较低的矿石。如果矿石中镁含量过高时，采用酸浸法将增大酸的消耗，同时镁、铁等杂质可能进入溶液，浸出液成分复杂，净化困难，提高操作成本；如果矿石中钴含量过高，采用酸浸工艺钴的浸出率比氨浸工艺高，不仅可以降低生产成本，还可达到资源综合利用的目的。

2.3.3　火湿法结合冶炼工艺

火湿法结合冶炼工艺是指氧化镍矿经还原或离析焙烧后采用选矿的方法选出有用产品的工艺。

火湿法结合冶炼工艺是目前唯一能降低成本，节约能源和增加镍产量的方法。其工艺过程为：将原矿磨细与煤混合制团，团矿经干燥和高温还原焙烧，焙烧矿团再磨细，矿浆进行选矿（重选、磁选或浮选）分离得到镍铁合金产品。

该工艺的最大特点是生产成本低,能耗中的 85% 能源由煤提供,吨矿耗煤 160～180kg,适合处理任何类型的氧化镍矿,但该工艺还是存在工艺技术不够稳定的问题[151]。

2.4 实验原料

蛇纹石是一种重要的三八面体层状的非金属矿物硅酸盐类,含水量只能达到 13% 左右,它的表面花纹好像蛇皮一般,故得其名。蛇纹石颜色大部分呈现为绿色系列。它的通式为:$Mg_6Si_4O_{10}(OH)_8$。镁和硅是它的主要元素,还有少量的铝、铬、锰、铁、镍等稀有金属,其中 SiO_2 和 MgO 这两类无机成分的含量在 80% 以上,因此高效地提取利用这些元素是研究蛇纹石的重要任务。

本章实验的原材料是开采于四川会理的蛇纹石矿上的蛇纹石,图 2-4 是样品的实物图,矿物微呈现淡绿色,用肉眼可观察到矿物的外形结构。将其磨碎至 $-74\mu m$,可发现矿样的颜色由原来的淡绿色转为了黄棕色,如图 2-5 所示。

图 2-4 蛇纹石矿样　图 2-4 彩图　图 2-5 磨碎至 $-74\mu m$ 的矿样　图 2-5 彩图

2.4.1 化学成分分析

将矿样磨碎至粉末后进行 X 射线荧光光谱分析,蛇纹石矿样化学成分分析结果如表 2-5 所示,可发现 SiO_2 和 MgO 所占比重最大,还含有少量的 Fe、Ni 等元素。

表 2-5　蛇纹石矿的主要化学成分　　　　　（质量分数/%）

成分	Ni	MgO	SiO$_2$	Fe$_2$O$_3$
含量	0.664	35.5	36.53	18.43

2.4.2 物相分析

采用 D/max-2500PC 型 X 射线衍射仪,测定条件为:Cu 靶 Kα 辐射,波长 $\lambda = 1.544426 \times 10^{-10}m$;工作电压 40kV;$2\theta$ 衍射角扫描范围 5°～90°;扫描速度

0.033(°)/s。用 X 射线衍射仪进行分析，蛇纹石矿样 XRD 分析结果如图 2-6 所示。由图 2-6 可见，该矿物的主晶相是纤蛇纹石（$Mg_3[Si_{2-x}O_5](OH)_{4-4x}$），此外还含有部分镁铁尖晶石（$MgFe_2O_4$）和石英（$SiO_2$）。矿样中镍含量较低，所以未标注。

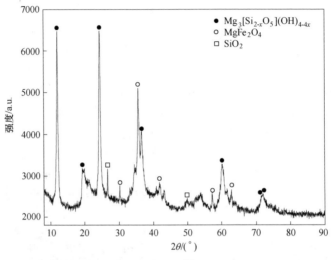

图 2-6　蛇纹石矿样 XRD 图

2.4.3　微观形貌分析

本实验采用 SSX-550 型扫描电子显微镜对矿样的微观形貌进行表征，测定条件为：工作电压 15kV；加速电流 15mA；工作距离 17mm。蛇纹石矿样的扫描电镜（SEM）图和能谱线扫分析（EDS）结果如图 2-7 所示。

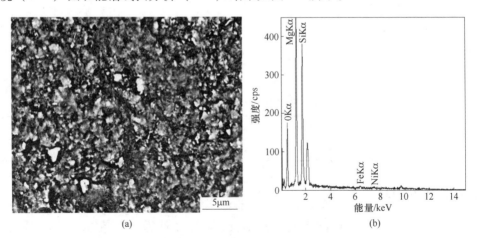

图 2-7　矿样的 SEM 图（a）和能谱线扫分析（EDS）结果（b）

蛇纹石矿样能谱分析结果如表 2-6 所示，根据数据可估算出 O∶Mg∶Si 的原子比约为 8∶3∶2。由表 2-5 和表 2-6 可知，该矿样中未含有硫元素，由此可以说明该矿石中的镍组分不是以硫化镍的形式存在而是以氧化镍的形式存在。

表 2-6　蛇纹石矿样能谱分析结果

元素	强度	质量分数 /%	原子数分数 /%	K 值	原子序数 修正因子	吸收修 正因子	荧光修 正因子
O	11.550	43.846	57.048	0.17418	0.97746	1.98750	1.00000
Mg	23.830	27.296	23.378	0.14300	1.01924	1.45400	0.99401
Si	19.528	24.053	17.827	0.12908	1.02278	1.40629	0.99982
Fe	0.284	2.367	0.882	0.01543	1.19798	0.99968	0.98850
Ni	0.163	2.438	0.865	0.01577	1.19552	0.99843	1.00000
总和		100.000	100.000	0.47746			

2.5　实验试剂和实验设备

2.5.1　实验试剂

实验主要试剂如表 2-7 所示。

表 2-7　实验主要试剂

试剂名称	试剂等级	生产厂家
碳酸铵	分析纯	国药集团化学试剂有限公司
氢氧化钠	分析纯	国药集团化学试剂有限公司
四水合酒石酸钾钠	分析纯	国药集团化学试剂有限公司
过硫酸铵	分析纯	国药集团化学试剂有限公司
氨水	分析纯	国药集团化学试剂有限公司
丁二酮肟	分析纯	国药集团化学试剂有限公司
镍粉	光谱纯	国药集团化学试剂有限公司
硫酸	分析纯	—
硝酸	分析纯	—
盐酸	分析纯	—

2.5.2　实验设备

实验主要设备如表 2-8 所示。

表 2-8 主要实验仪器及生产厂家

仪器名称	型号	生产厂家
增力电动搅拌器	DJ1C-60W	江苏省金坛市大地自动化仪器厂
横式电阻丝炉	SG-GS1200	上海识捷电炉有限公司
电热鼓风干燥箱	101	北京市永光明医疗仪器厂
箱式电阻炉	SX2-5-12	沈阳市节能电炉厂
空气压缩机	ZB-0.1/8	上海奥突斯工贸有限公司
电热恒温水浴锅	HSYZ-SP	北京市永光明医疗仪器厂
旋片式真空泵	FY-1C	浙江飞越机电有限公司
紫外可见分光光度计	TU-1900	北京普析通用有限责任公司
多晶 X 射线衍射仪	D/max-2500PC	荷兰帕纳科公司
扫描电子显微镜	SSX-550	日本岛津公司
转子流量计	LZB-3	沈阳正兴流量仪表有限公司
压样机	SYP-24BSF	上海新诺仪器集团有限公司

2.6 实 验 原 理

还原焙烧的目的是使硅酸镍及氧化镍最大限度地还原成金属镍；同时控制条件使少量的铁还原成金属铁，而大部分铁仅还原成 Fe_3O_4，以便后续在氨、二氧化碳、空气存在的条件下，将金属镍溶解成镍氨配合物，最终将达到回收镍的目的。

由于整个生产过程回收率的高低主要取决于镍还原率的高低。因此，还原焙烧工序在整个生产过程中占有极重要的地位。

考虑到蛇纹石中含有超过 12% 的结晶水，蛇纹石在 600~700℃时会脱去结晶水，在中性气体保护的前提下，此时体系中的 C 会与 $H_2O(g)$ 作用发生水煤气反应：

$$C + H_2O \rule[0.5ex]{2em}{0.4pt} CO + H_2 \tag{2-1}$$

因此体系中固体 C、CO 和 H_2 并存，NiO 除被固体 C 还原外，还可以被 CO 和 H_2 还原。

蛇纹石中镍的还原过程主要是氧化镍的还原，发生的主要化学反应如下：

$$2NiO \cdot SiO_2 + H_2 + CO \rule[0.5ex]{2em}{0.4pt} 2Ni + H_2O + CO_2 + 2SiO_2 \tag{2-2}$$
$$NiO + C \rule[0.5ex]{2em}{0.4pt} Ni + CO \tag{2-3}$$
$$NiO + CO \rule[0.5ex]{2em}{0.4pt} Ni + CO_2 \tag{2-4}$$
$$NiO + H_2 \rule[0.5ex]{2em}{0.4pt} Ni + H_2O \tag{2-5}$$

蛇纹石中铁还原过程主要化学反应如下：

$$3Fe_2O_3 + H_2 \Longrightarrow 2Fe_3O_4 + H_2O \tag{2-6}$$
$$FeO + H_2 \Longrightarrow Fe + H_2O \tag{2-7}$$
$$3Fe_2O_3 + CO \Longrightarrow 2Fe_3O_4 + CO_2 \tag{2-8}$$
$$FeO + CO \Longrightarrow Fe + CO_2 \tag{2-9}$$
$$Fe_2O_3 + 3C \Longrightarrow 2Fe + 3CO \tag{2-10}$$
$$3Fe_2O_3 + C \Longrightarrow 2Fe_3O_4 + CO \tag{2-11}$$

2.6.1　Fe-C-O、Ni-C-O 体系热力学分析

由蛇纹石原料成分分析可知，参与还原反应的主要是镍、铁的氧化物。由于蛇纹石中含有 18.43% 的 Fe_2O_3，在 NiO 被还原的同时，Fe_2O_3 同时会被还原。因此只考虑 Ni-C-O、Fe-C-O 体系在一定温度和气氛下的热力学行为。在操作中通过控制还原温度及还原时间就能取得较高的镍还原率和较低的金属铁生成率，进而提高镍的浸出率。

图 2-8 是总压为 10^5Pa 时，NiO 被 CO、H_2、C 还原的 $\Delta G^{\ominus}$-T 关系曲线，由图 2-8 可知，只要合理地控制反应温度（714K<T<923K），就能够选择性地将 NiO 还原为单质 Ni，这样有利于后续通过氨浸的方法回收 Ni。

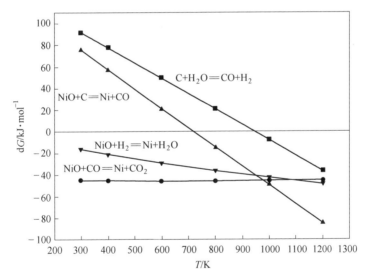

图 2-8　总压为 10^5Pa 时，NiO 被 CO、H_2、C 还原的 $\Delta G^{\ominus}$-T 关系曲线

2.6.2　蛇纹石的热分解过程

为进一步分析该蛇纹石的热分解过程，分别在 500℃、700℃ 和 900℃ 时将原矿样煅烧 30min，利用 X 射线衍射仪分析其物相组成。图 2-9 为在 500℃ 煅烧产

物 XRD 图，图 2-10 为在 700℃煅烧产物 XRD 图，图 2-11 为在 900℃煅烧产物 XRD 图。由图 2-9 可以看出，在 500℃时蛇纹石基本上没有分解，但有少量的褐铁矿（Fe_2O_3）生成；由图 2-10 可以看出，在 700℃时蛇纹石脱去结晶水变成镁橄榄石（Mg_2SiO_4）以及非晶质（SiO_2）；由图 2-11 可以看出，在 900℃时部分镁橄榄石与 SiO_2 结合生成顽火辉石（$MgSiO_3$）。发生的化学反应如下：

$$2Mg_3Si_2O_5(OH)_4 \xrightarrow{600 \sim 700℃} 3Mg_2SiO_4 + SiO_2 + 4H_2O \tag{2-12}$$

$$3Mg_2SiO_4 + SiO_2 \xrightarrow{900℃} 2Mg_2SiO_4 + 2MgSiO_3 \tag{2-13}$$

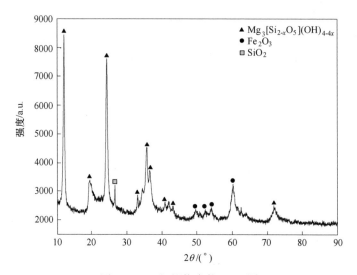

图 2-9 500℃煅烧产物 XRD 图

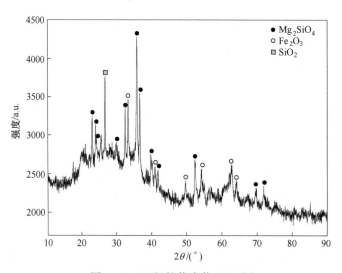

图 2-10 700℃煅烧产物 XRD 图

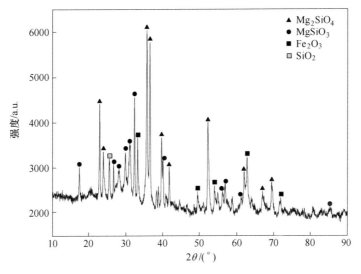

图 2-11　900℃煅烧产物 XRD 图

2.7　实验步骤

2.7.1　制样

将实验所用蛇纹石矿用棒磨机研磨至−74μm，并配入原矿质量一定比例的还原剂（活性炭）、添加剂（黄铁矿、−74μm），充分混匀。称取混合料加入适量水压成块状备用。

2.7.2　还原焙烧

还原焙烧是在竖式硅碳管炉中进行，将压好的试样放入石墨坩埚中，将坩埚放入竖式炉内，在有氮气保护的前提下按照预先设定好的温度进行升温，达到指定温度后恒温一定时间，反应结束后，将矿样自然冷却至室温后取出。

2.7.3　常压氨浸

称取一定质量的还原焙烧后的试样放入研钵中研磨，在研磨的过程中加入少量氨水，防止试样发生二次氧化；将湿磨后的试样放入 1000mL 的三口烧瓶中，加入预先配制好的一定比例的浸出剂（氨水-碳酸铵），再将三口烧瓶放入恒温水浴锅中，首先在不通入空气的条件下预浸 30min，此时需要慢速搅拌，然后加快搅拌速度并用空气压缩机鼓入空气，在一定的温度下搅拌浸出一定的时间，最后浸出的试样通过真空泵将不溶残渣从浸出液中分离出来，用紫外可见分光光度计分析浸出液中镍的浓度，进而计算镍的浸出率。考察不同实验条件下，镍的浸出行为。

2.7.4　紫外可见分光光度法测镍

紫外可见分光光度法所使用的仪器为紫外可见分光光度计。

2.7.4.1　分析试剂配制

（1）镍标准贮存溶液：称取 1.0000g 金属镍（99.95%），加入 20mL 硝酸（3+2），加热溶解完全并蒸至稠状。加入 10mL 硫酸（1+1），加热蒸至冒三氧化硫白烟，冷却。用水冲洗表面皿及杯壁，再加热蒸至冒三氧化硫白烟，冷却。加水约 100mL，加热使盐类溶解，冷至室温，移入 1000mL 容量瓶中，以水定容。此溶液含镍 1mg/mL。

（2）镍标准溶液：移取 10.00mL 镍标准贮存溶液于 1000mL 容量瓶中，以水定容。此溶液含镍 10μg/mL。

（3）丁二酮肟溶液（10μg/L）：称取 1g 丁二酮肟溶于 100mL 50g/L 氢氧化钠溶液中，过滤后使用，贮存于塑料瓶中。

2.7.4.2　工作曲线的绘制

用移液管分别移取 0.00mL、2.00mL、4.00mL、6.00mL、8.00mL、10.00mL 镍标准溶液于一组 100mL 容量瓶中，用水稀释至 30~40mL，以下按分析步骤操作。以"零"标准溶液为参比，在与测定试样溶液相同条件下测量标准溶液系列的吸光度。以镍的质量为横坐标，吸光度为纵坐标，绘制工作曲线。

2.7.4.3　分析步骤

用移液管移取 1mL 氨浸液于 100mL 容量瓶中，加水稀释至 30~40mL。按顺序依次加入 10mL 500g/L 酒石酸钾钠溶液，10mL 50g/L 氢氧化钠溶液，10mL 50g/L 过硫酸铵溶液，10mL 10g/L 丁二酮肟溶液。静置 15min 以水定容。与分析试样同时进行空白实验。用 1cm 比色皿，以试样空白溶液为参比，于 500nm 波长处测定其吸光度。从工作曲线上查出相应的镍的浓度，计算镍的浸出率。

2.8　实验结果与讨论

2.8.1　添加剂用量对镍浸出率的影响

本实验选取的添加剂为黄铁矿（FeS_2），黄铁矿化学分析如表 2-9 所示。图 2-12 为黄铁矿的 X 射线衍射分析结果，从图中可以看出黄铁矿大部分组分都为 FeS_2。

表 2-9 黄铁矿的 XRF 分析结果

序号	组分	结果(质量分数)/%	检测限	元素谱线	强度
1	SO$_3$	57.0781	0.0452	S-Kα	589.2465
2	Fe$_2$O$_3$	30.2125	0.0130	Fe-Kα	631.4433
3	SiO$_2$	6.7596	0.0246	Si-Kα	38.5091
4	Al$_2$O$_3$	2.0278	0.0136	Al-Kα	13.6007
5	CaO	1.5166	0.0036	Ca-Kα	25.9311
6	K$_2$O	0.5803	0.0034	K-Kα	11.6506
7	MgO	0.5416	0.0178	Mg-Kα	4.1188
8	P$_2$O$_5$	0.5017	0.0068	P-Kα	6.9426
9	MnO	0.4276	0.0871	Mn-Kβ I	1.3060
10	CuO	0.1259	0.0018	Cu-Kα	3.5966
11	TiO$_2$	0.0758	0.0061	Ti-Kα	0.3033
12	As$_2$O$_3$	0.0656	0.0084	As- Kβ I	0.7835
13	Cl	0.0321	0.0085	Cl-Kα	0.0931
14	PbO	0.0198	0.0029	Pb- Lβ I	0.7482
15	Cr$_2$O$_3$	0.0184	0.0030	Cr-Kα	0.2082
16	ZnO	0.0093	0.0016	Zn-Kα	0.3506
17	SrO	0.0072	0.0010	Sr-Kα	0.9182

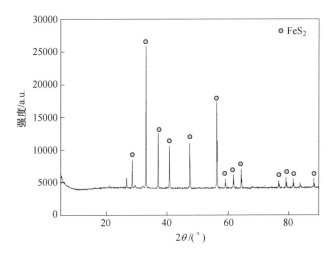

图 2-12 黄铁矿 XRD 图

在焙烧温度为 800℃、配碳量为 5%、还原时间为 120min、氨浸温度 40℃、氨浸液配比 NH_3：CO_2 = 90：60、液固比（mL/g）10：1、预浸时间 30min、氨浸时间 3h、空气流量 0.4L/min 的条件下，考察配黄铁矿量对镍浸出率的影响。配黄铁矿量分别选取原矿石量的 0%、2%、4%、6%、8%，实验结果如图 2-13 所示。

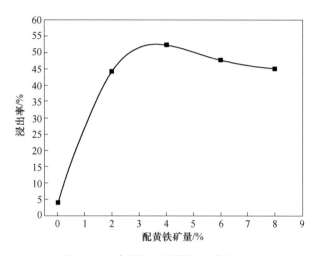

图 2-13　添加剂用量对镍浸出率的影响

由图 2-13 可知，当焙烧时不加入黄铁矿，镍浸出率只有 4.12%，当配黄铁矿量为 2%时，镍的浸出率明显提高，在配黄铁矿量为 4%时达到最高点，继续添加黄铁矿，镍的浸出率变化不大。添加黄铁矿会提高镍浸出率有以下两个方面原因：一方面，用黄铁矿作为焙烧蛇纹石镍矿的添加剂，降低了气体对矿物的吸附，使镍的浸出率显著提高；另一方面，加入黄铁矿，在焙烧过程中黄铁矿分解与矿石反应生成了可以使镍浸出率显著提高的新物质。

由于蛇纹石中的镍含量较低，不能通过 X 射线衍射分析来确定焙烧后生成的物质，因此为确定黄铁矿的作用，本实验选用纯 Ni_2O_3 与活性炭和黄铁矿作用，活性炭和黄铁矿的加入量按如下方程式计算得到：

$$Ni_2O_3 + 3C = 2Ni + 3CO \tag{2-14}$$

$$Ni_2O_3 + 3FeS_2 + 3C = Ni_2S_3 + 3FeS + 3CO \tag{2-15}$$

由于 Ni_2O_3 不稳定，被加热至 400℃以后会还原为 NiO，反应式如下：

$$Ni_2O_3 = 2NiO + 1/2O_2 \tag{2-16}$$

所以实际上在反应温度（700~800℃）下是 NiO 与活性炭及黄铁矿发生作用。实验步骤：将纯 Ni_2O_3、活性炭和黄铁矿按预先计算好的质量配好，充分混匀后制成块状，放入竖式硅碳管炉内加热焙烧，焙烧温度 800℃，保温时间

120min，自然冷却后取出，通过 X 射线衍射分析焙烧后的生成物。只配活性炭的纯 Ni_2O_3 焙烧后的 XRD 结果如图 2-14 所示。既配活性炭又配黄铁矿的纯 Ni_2O_3 焙烧后的 XRD 结果如图 2-15 所示。

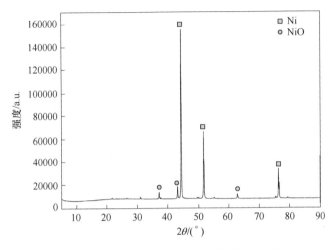

图 2-14　NiO-C 在 800℃反应产物的 XRD 图

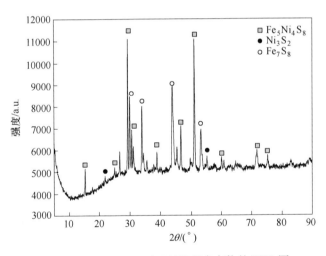

图 2-15　NiO-C-FeS$_2$ 在 800℃反应产物的 XRD 图

根据 NiO-C 和 NiO-C-FeS$_2$ 在 800℃反应产物的 XRD 图分析可知未配黄铁矿的物料焙烧后产物为金属镍和氧化镍，而配黄铁矿的物料焙烧后则生成为 $Fe_5Ni_4S_8$、Ni_3S_2 和 Fe_7S_8，由此可知 NiO 会在 C 存在的条件下与黄铁矿发生反应生成镍黄铁矿（$Fe_5Ni_4S_8$），由于硫化矿属于热力学不稳定体系，它的新鲜表面与氧接触就会被氧化。正是由于镍黄铁矿的生成，有效地提高了氨浸过程中镍的浸出率。故本实验选取配黄铁矿的最佳比例为 4%，在此条件下镍的浸出率为 52.32%。

2.8.2 焙烧温度对镍浸出率的影响

在配碳量 5%、配黄铁矿量 4%、还原时间 120min、氨浸温度 40℃、氨浸液配比 $NH_3 : CO_2 = 90 : 60$、液固比（mL/g）10 : 1、预浸时间 30min、氨浸时间 3h、空气流量 0.4L/min 的条件下，考察焙烧温度对镍浸出率的影响。焙烧温度分别选取为 700℃、750℃、800℃、850℃、900℃，实验结果如图 2-16 所示。

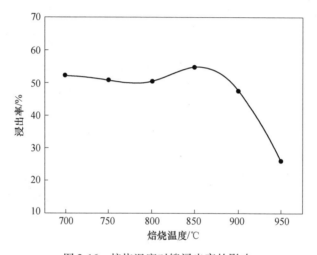

图 2-16   焙烧温度对镍浸出率的影响

从图 2-16 中可以看出，在 700~850℃之间，焙烧后所得焙砂经过氨浸后，镍的浸出率只有少许波动，此时生成的物质可能在一定范围内，浸出率在 850℃时出现了最高点，继续升温，当温度高于 850℃之后，镍的浸出率急剧下降。图 2-17 是在 700℃焙烧后所得焙砂的 XRD 图，从图 2-17 中可以看出，在 700℃焙烧生成的主要产物为镁橄榄石，原矿中的铁还原成 Fe_3O_4，还有少量 C 剩余。图 2-18 是在 950℃焙烧后所得焙砂的 XRD 图。从图 2-18 可以看出，当焙烧温度上升为 950℃时，原矿中的铁进入镁橄榄石中，与镁橄榄石反应生成了镁铁硅酸盐，同理镍可能也同时进入镁橄榄石中，进而造成镍浸出率下降。

由于在 700~850℃之间，镍浸出率波动范围不是很大，说明在 700~850℃之间温度对镍浸出率影响不是很大，焙烧温度过高会造成能源浪费，从节能角度考虑，本实验最终选取最佳焙烧温度为 700℃，此时镍的浸出率为 52.32%。

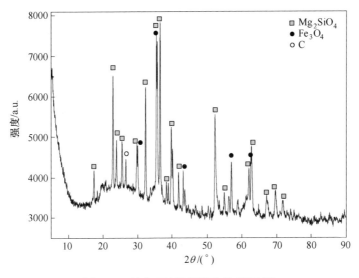

图 2-17 焙烧 700℃后焙砂的 XRD 图

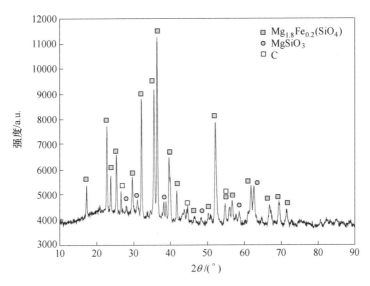

图 2-18 焙烧 950℃后焙砂的 XRD 图

2.8.3 还原剂用量对镍浸出率的影响

还原剂加入量直接影响还原焙烧的气氛，还原剂加入量不足，镍不能充分还原，也不能得以有效氨浸回收；还原剂量过多，不但造成还原剂的浪费，还会使大量铁被还原成金属态，达不到选择性还原的目的。而且在实际还原焙烧过程中还原剂并不能充分利用，故不能从理论上来确定还原剂用量，必须通过实验来确定。本实验选用活性炭作为还原剂。活性炭是一种多孔结构的含碳物质，其发达的空隙结构使它具有较大的比表面积，能与矿样充分接触，进而加速反应进程。此外，活性炭固定碳含量高、灰分低、挥发分高，不会对实验产生干扰，是比较好的还原剂。

在焙烧温度 700℃、配黄铁矿量 4%、还原时间 120min、氨浸温度 40℃、氨浸液配比 $NH_3:CO_2=90:60$、液固比（mL/g）10:1、预浸时间 30min、氨浸时间 3h、空气流量 0.4L/min 的条件下，考察配碳量对镍浸出率的影响。配碳量分别选取原矿量的 1%、3%、5%、7%、10%，实验结果如图 2-19 所示。

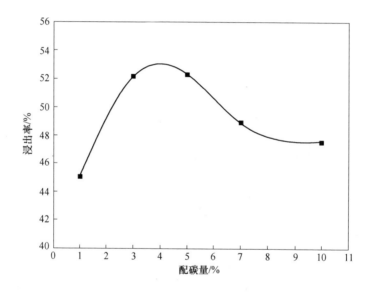

图 2-19　还原剂用量对镍浸出率的影响

由图 2-19 中可以看出，当活性炭加入量低于 5% 时，镍的浸出率随着加入量的增加而提高。然而，继续提高活性炭加入量，镍的浸出率不增反而降低。特别是当活性炭的加入量达到 10% 时，镍的浸出率降到了 47.56%。在一定范围内增加配碳量，有利于快速提高和保证还原气氛的浓度，改善和巩固还原效果。

图 2-20 为还原剂加入量为 10% 的焙砂 XRD 图，从图 2-20 中可以看出，与配碳量为 5% 相比较，生成的 Fe_3O_4 量有所减少。这是由于加入还原剂过多，阻碍了金属相的扩散凝聚，造成金属相难以从渣相中分离出来，因此必须合理控制还原剂的加入量。综合分析，本实验选取最佳还原剂加入量为 5%。

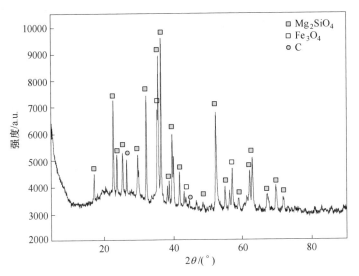

图 2-20 还原剂加入量为 10% 的焙砂 XRD 图

2.8.4 还原时间对镍浸出率的影响

在焙烧温度 700℃、配碳量 5%、配黄铁矿量 4%、氨浸温度 40℃、氨浸液配比 NH_3：CO_2＝90：60、液固比（mL/g）10：1、预浸时间 30min、氨浸时间 3h、空气流量 0.4L/min 的条件下，考察还原时间对镍浸出率的影响。还原时间分别选取为 30min、60min、90min、120min、150min、180min，实验结果如图 2-21 所示。

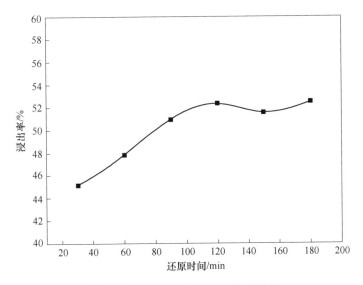

图 2-21 还原时间对镍浸出率的影响

　　由图 2-21 可以看出，还原初期，镍的浸出率随还原时间的延长而增大，当还原时间延长至 120min，随着还原时间的增加，镍的浸出率基本不变。随着还原时间的增加，镍的还原反应充分进行，所以镍浸出率也随之增加，但是进一步增加时间，反应产物在一定范围内基本保持不变，而且焙烧时间过长，一方面，消耗的能量也越多，还原速率变小，生产率也相应降低；另一方面，焙烧时间过长还可能会造成铁过还原，进而降低镍的浸出率。综合考虑，本实验选取最佳还原时间为 120min。

3 铝资源利用

3.1 铝土矿资源概况

3.1.1 铝土矿

铝土矿又称铝矾土，是含铝矿物和赤铁矿、针铁矿、高岭土、锐铁矿、金红石、钛铁矿等矿物的混合矿[152]。铝土矿是目前氧化铝生产中最主要的矿石资源，世界上95%以上的氧化铝是用铝土矿为原料生产的。铝土矿中的氧化铝含量变化很大，低的在40%以下，高者可达70%以上。与其他有色金属矿石相比，铝土矿可算是很富的矿。根据铝土矿中主要矿物成分的不同，铝土矿可以分为以下五种类型：纯三水铝石型铝土矿、含石英的三水铝石型铝土矿、混合型铝土矿（三水铝石和一水软铝石）、一水软铝石型铝土矿、一水硬铝石型铝土矿。部分铝土矿的性质如表3-1所示[153]。

表3-1 三水铝石、一水软铝石、一水硬铝石性质

项 目	三水铝石	一水软铝石	一水硬铝石
化学分子式	$Al_2O_3 \cdot H_2O$ 或 $Al(OH)_3$	$Al_2O_3 \cdot H_2O$ 或 $AlOOH$	$Al_2O_3 \cdot H_2O$ 或 $AlOOH$
氧化铝含量 /%	65.36	84.97	84.98
化合水含量/%	34.6	15	15
晶系	单斜晶系	斜方晶系	斜方晶系
莫氏硬度	2.3~2.5	3.5~5	6.5~7
密度/g·cm^{-3}	2.3~2.4	3.01~3.06	3.3~3.5

根据铝土矿的矿床中伏基岩的不同，可将其分为岩溶沉积型（简称岩溶型）铝土矿、红土矿（简称红土型）铝土矿和沉积型铝土矿。岩溶型铝土矿矿床的下伏基岩为碳酸盐岩，此类铝土矿有黏土和含黏土石灰岩分化形成，它包括一水软铝石和一水硬铝石矿物。红土型铝土矿矿床的下伏基岩为硅酸盐岩，此类铝土矿主要有三水铝石型和三水铝石-一水软铝石混合型铝土矿组成。沉积型铝土矿矿床的下伏基岩为陆源岩层，它主要有一水硬铝石和一水硬铝石-一水软铝石混合型铝土矿组成[154-160]。

根据铝土矿的颜色和结构形状的不同可分为以下三种：粗糙状（土状）铝土矿，其表面粗糙，一般常见的颜色有灰色、灰白色、浅黄色等。致密状铝土矿，其表面光滑致密，断口呈贝壳状，颜色多为灰色，青灰色，其中高岭土含量较高，铝硅比较低。豆鲕状铝土矿，其表面呈鱼子状或豆状，颜色多为深灰色、浅灰色、灰绿色、红褐色等。一般来说，矿石越粗糙，铝硅比越高；相反，矿石越致密，铝硅比也就越低。

铝土矿是一种组成复杂、化学性质变化很大的含铝矿物，其中除了氧化铝及其水合物以外，还含有杂质，主要是氧化硅、氧化铁，其次是二氧化钛、少量的钙和镁的碳酸盐以及钠、钾、铬、钒、镓、磷、氟、锌和其他化合物、有机物等[161]。

铝土矿的优劣主要由其中氧化铝存在的矿物形态和有害杂质含量所决定的，不同类型的铝土矿溶出性能相差很大。衡量铝土矿质量，一般有以下几个因素：

（1）铝土矿的氧化铝含量。氧化铝含量越高，对生产氧化铝越有利。

（2）铝土矿的铝硅比。铝硅比是铝矿石中 Al_2O_3 含量与 SiO_2 含量的质量比，一般用 A/S 表示。

在碱法（特别是拜耳法）生产氧化铝过程中，二氧化硅是最有害的杂质，故铝土矿的铝硅比越高越好。目前工业上用于氧化铝生产用的铝土矿的铝硅比要求高于 3.0~3.5。

（3）铝土矿的矿物存在形态。铝土矿的矿物存在形态极大的影响氧化铝的溶出性能。其中，三水铝石型铝土矿中的氧化铝被苛性碱溶液溶出最容易，一水软铝石次之，而一水硬铝石的溶出则相对较难。另外，铝土矿的存在形态也影响着溶出以后各湿法工序的经济技术指标。因此，铝土矿的存在形态与氧化铝生产成本及溶出条件有紧密的联系。

在生产过程中，衡量铝土矿优劣的指标，对一水铝石型矿而言，通常是以其中 Al_2O_3 含量和铝硅比进行判断的。因为在一水铝石矿溶出条件下，铝土矿中 Al_2O_3 可全部看成是有效氧化铝，而 SiO_2 全部看成是活性二氧化硅。有效氧化铝是指在一定的溶出条件下能够从矿石中溶出到溶液中的氧化铝量。活性氧化硅是指在生产过程中能与碱反应而造成 Al_2O_3 和 Na_2O 损失的氧化硅。因为这两种氧化物可以以各种各样的矿物形态存在于矿石中，在一定的溶出条件下，有些矿物能够与碱溶液反应，有些则不能。所以，在实际生产中，有效氧化铝和活性氧化硅的含量和矿石中的总的氧化铝含量和总的氧化硅含量是不相同的。例如一水硬铝石在溶出三水铝石矿的条件下是不与碱溶液反应的，是无法溶出的，即使其中的 Al_2O_3 含量高，也不能计入有效氧化铝的含量。同样，矿石中以石英形态存在的氧化硅，在此溶出条件下则是不与碱溶液反应的惰性氧化硅，也不计入活性氧化硅之内。对三水铝石矿铝土矿而言，主要是其中的有效氧化铝和活性氧化硅的含量影响铝土矿的优劣。氧化铁一般对拜耳法生产的影响不大，主要是增加了赤泥量。但红土型三水铝石及一水软铝石矿中的铁矿物一部分是以铝针铁矿和针铁矿的形态存在，对碱损失，赤泥沉降性能以及溶出率都有不利影响。矿石中其他有害杂质如有机物，硫及碳酸盐等，其含量越低越好[162]。

铝土矿主要用于氧化铝生产，也用于人造刚玉、耐火材料、高铝水泥、硫酸铝等化工产品的生产，铝土矿按用途可划分为冶金级、材料级、磨料级和化工产品级四类。用于生产耐火材料和磨料的铝土矿都需经过高温煅烧，所以煅烧铝土矿包括这两种级别。不同用途的铝土矿有不同的质量要求。如煅烧铝土矿用于生产耐火材料时，其中 Al_2O_3 含量应大于 88%，Fe_2O_3 含量小于 2.5%，TiO 含量小于 4.0%；用于生产磨料时，其 Al_2O_3 含量应大于 85%，Fe_2O_3 含量为 5% ~ 7%，SiO_2 含量为 1% ~ 5%，煅烧铝土矿中的碱金属和碱土金属含量应较低。因此对生产煅烧矿的原矿的质量要求是很高的，世界上只有少数国家能提供这种矿石。目前耐火材料和磨料级煅烧矿最主要的生产国家分别为圭亚那和澳大利亚，中国也是煅烧铝土矿的重要生产国。

3.1.2 铝土矿资源的分布和特点

3.1.2.1 世界铝土矿资源分布及特点

世界铝土矿储量的 80% 集中在澳大利亚、几内亚、加勒比海地区、巴西、印度尼西亚、东欧及越南等地处于热带及亚热带的国家及地区。为了迎合铝工业的快速发展，加快了铝土矿的开发和利用。据美国矿务局的资料，世界铝土矿储藏量估计为 245 亿吨，而资源（包括储量和潜在储量）为 350 亿 ~ 400 亿吨。足以满足今后 150 年左右的需要。据 2015 年最新资料统计，世界各国铝土资源储量情况[163]见表 3-2。

从化学成分来看，国外多为优质铝土矿，但氧化铁含量一般都较高。国外铝土矿类型多数为三水铝石型，溶出比较容易。在希腊为一水硬铝石和一水软铝石混合型，地中海沿岸以一水软铝石型居多，俄罗斯则各种类型都有。

表 3-2 世界铝土矿储量表

国　家	储量/亿吨	世界占比/%	储量基础/亿吨
几内亚	74	27.41	86
澳大利亚	65	22.96	79
越南	21	7.78	54
牙买加	20	7.41	25
巴西	26	7.04	25
印度	10	2.85	14
中国	8.3	2.78	23
圭亚那	8.5	2.59	9

国　家	储量/亿吨	世界占比/%	储量基础/亿吨
希腊	6	2.22	6.5
苏里南	5.8	2.15	6
哈萨克斯坦	16	1.33	4.5
委内瑞拉	3.2	1.18	3.5
俄罗斯	2	0.74	2.5
其他国家	24	11.56	42
世界总计	290	100	380

3.1.2.2　我国铝土矿资源及特点

我国铝土矿资源十分丰富，分布很广，储量巨大，目前已探明的具有工业开采价值的铝土矿床，主要分布在河南、广西、贵州、山东及山西等地。我国绝大多数的铝土矿（约 95%）是以一水硬铝石型形态存在的。只有海南等少部分地区的铝土矿是三水铝石形态存在，但至今尚未进行工业开采。我国铝土矿资源具有高铝、低铁（少部分的铝土矿含铁较高）、高硅的特点。下面是按 A/S 对资源状况的一个统计数据，见表 3-3。

表 3-3　我国铝土矿铝硅比分配数据

A/S	<4	4~6	6~7	7~9	9~10	>10	合计
矿区个数	75	145	36	36	8	7	307
储量比例/%	7.42	48.59	10.97	14.4	11.65	6.97	100

上述资源特点使我国氧化铝工业大多采用混联法进行生产，其成本远高于国外氧化铝生产成本[164]。

我国铝土矿资源具有以下特点：

（1）储量分布高度集中。我国铝土矿储量主要集中在山西、贵州、河南、广西四省区，占全国总储量的 90% 以上，从地理位置来看主要集中在中部，占73.99%，而东部和西部只占 26.01%。

（2）矿物组成复杂。除主要矿物一水硬铝石和高岭石外，还含有多种其他矿物，如铁矿物、硅矿物和钛矿物。我国铝土矿中的铁矿物大多以赤铁矿的形态存在，但广西一水硬铝石型红土矿中的铁矿物主要是以铝针铁矿或针铁矿的形态存在。含硅矿物是铝土矿中的主要杂质矿物，一般以叶蜡石、伊利石、高岭石及长石等铝硅酸盐矿物形态存在，还有水云母、蒙脱石、绿泥石等。铝土矿中的钛矿物主要为锐钛矿，还有少量的金红石，含量为 2%~4%。此外，我国铝土矿中还含有电气石、磷灰石、锆英石、方解石等。

（3）矿石主要矿物嵌布密切。我国山东、山西、河南等地区一水硬铝石型铝土矿的工艺矿物学研究表明，矿石中的主要矿物为一水硬铝石、叶蜡石、高岭石及伊利石等；占矿物总量约 60%~70% 的一水硬铝石多呈微晶集合体或隐晶质的形式产出，与含氧化铁矿物、硅矿物等脉石矿物紧密镶嵌，其嵌布粒度微细。伊利石、高岭石、叶蜡石等含铝硅酸盐类黏土矿物的嵌布粒度更细。这些高铝、高硅、微细粒度嵌布，铝硅比中等偏低的一水硬铝石型铝土矿比较难溶，需要在高温、高压、高碱浓度的条件下才能溶出。

（4）平均品位较低。除福建、海南、广西有很少量的三水铝石型铝土矿外，我国其他地区均为一水硬铝石-高岭石型铝土矿。广西、山东和贵州拥有相当数量的高硫铝土矿。

我国铝土矿具有高铝、高硅的特点，铝硅比偏低，五个主要的省区的铝土矿平均品位的 A/S 仅为 6.01，见表 3-4。全国高品位的矿石储量比例小，A/S 大于7 的占 33.05%，A/S 大于 10 的仅占 6.97%。

表 3-4 五省区铝土矿平均品位

地 区	Al_2O_3 含量/%	SiO_2 含量/%	Fe_2O_3 含量/%	A/S 容
山西	62.35	11.58	5.78	5.38
贵州	65.75	9.04	5.48	7.27
河南	65.32	11.78	3.44	5.54
广西	54.83	6.43	18.92	8.53
山东	55.53	15.80	8.78	3.61

（5）共伴生矿种多。共伴生的矿种有高铝黏土、石灰石、铁矿、软质黏土、硬质黏土等，同时伴有钛、钒、镓等多种元素。

3.1.2.3 我国铝土矿资源与世界铝土矿资源的比较

世界铝土矿资源十分丰富。据 2015 年数据统计，世界铝土矿总储量为 290 亿吨，基础储量为 380 亿吨。尽管目前世界年耗铝土矿约 1.5 亿吨，但总储量仍有增长趋势。世界铝土矿储量在近 50 年间增长 10 倍以上，特别是 20 世纪五六十年代和 90 年代，随着印度、巴西、澳大利亚等国和拉丁美洲发现大规模铝土矿之后，世界铝土矿储量大幅度增长。世界铝土矿资源分布极不均匀，其中约 80% 集中分布在少数几个国家。某些铝工业发达的国家却严重缺乏铝土矿资源，如法国、俄罗斯、德国、美国所拥有的铝土矿储量之和，还不到世界储量的 2%。除我国华北、西南这些较小的矿带和地中海东部巴尔干地区外，其余大型的铝土矿矿带基本都位于热带及亚热带地区。西半球的牙买加、巴西、苏里南、委内瑞拉和圭亚那五国的储量接近世界总储量的 1/4。几内亚和澳大利亚两国的储量占世界总量近一半。铝土矿储量丰富国家的矿石类型主要为一水软铝石和三水铝石，仅南斯拉夫、中国、希腊、伊朗和俄罗斯等国有一定规模的一水硬铝石矿。世界铝土矿开采的平均品位 A/S 为 10 以上，低于 10 的一般不能直接用经济的拜耳法处理。我国铝土矿和世界大部分铝土矿比，具有明显差别[165]。

3.1.3 铝土矿的主要处理方法

从铝土矿中提取氧化铝有很多方法,大致可分为碱法、酸法、酸碱联合法、氨法和热法。但在工业上得到应用的只有碱法[166],碱法生产氧化铝的基本流程如图 3-1 所示。

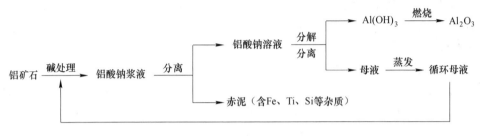

图 3-1 碱法生产氧化铝

3.1.3.1 碱法

碱法[167]生产氧化铝,是用碱(NaOH 或 Na_2CO_3)来处理铝矿石,使矿石中的氧化铝及其水合物和碱反应生成铝酸钠。纯净的铝酸钠溶液分解析出氢氧化铝,经与母液分离、洗涤后进行煅烧,得到氧化铝产品。分解母液可循环使用,处理下一批矿石。矿石中的绝大部分的硅、钛、铁等杂质则成为不溶解的化合物,将不溶解的化合物(由于含氧化铁而呈红色,故称为赤泥)与溶液分离,经洗涤后综合利用以回收其中有价组分或弃去。

碱法生产氧化铝又分为烧结法、拜耳法和拜耳-烧结联合法等多种流程。

A 烧结法

烧结法是将铝土矿配入含有 Na_2CO_3 的碳分循环母液(又名苏打)、石灰(或石灰石),在高温下烧结得到含固体铝酸钠的熟料,用稀碱溶液溶解熟料得到铝酸钠溶液。经脱硅后的纯净铝酸钠溶液用碳酸化分解法(向溶液中通入二氧化碳气体)使溶液中的氧化铝呈 $Al(OH)_3$ 析出。碳分后的母液经蒸发后返回用于配制生料浆。烧结法能耗高、工艺比较复杂、产品质量不如拜耳法、成本高。但是,矿石中的主要杂质 SiO_2 是以原硅酸钙(2CaO·SiO_2)进入赤泥,如果不考虑溶出中的副反应,原则上 SiO_2 不会造成 Al_2O_3 和 Na_2O 的损失。因此,烧结法适合于处理高硅铝土矿,A/S 可以为 3~5。其工艺流程图见图 3-2。

B 拜耳法

拜耳法是直接用含有大量游离 NaOH 的循环母液处理铝土矿,以溶出其中的氧化铝而获得铝酸钠溶液,并通过加晶种搅拌分解的方法,使溶液中氧化铝以 $Al(OH)_3$ 状态结晶析出。种分母液经蒸发后返回用于浸出另一批铝土矿。其工艺

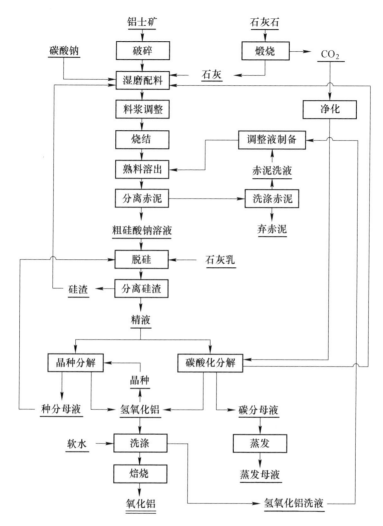

图 3-2 碱石灰烧结法生产氧化铝流程图

流程图见图 3-3。

拜耳法能耗低、流程简单、产品质量好、成本低。但是，矿石中主要杂质 SiO_2 是以水合铝硅酸钠（$Na_2O \cdot Al_2O_3 \cdot 1.7SiO_2 \cdot nH_2O$）形式进入赤泥，造成 Al_2O_3 和 Na_2O 的损失。因此，拜耳法适用于处理高品位铝土矿，铝硅比 A/S 一般要在 9 以上。

C 联合法

将拜耳法和烧结法二者联合起来生产氧化铝的方法称为联合法。拜耳-烧结联合法兼有拜耳法和烧结法流程，它适合处理 A/S 为 6~8 的中等品位铝矿。因

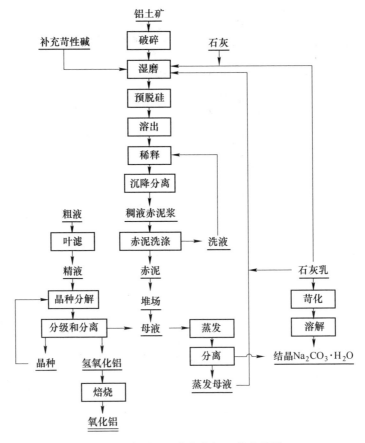

图 3-3 拜耳法生产氧化铝工艺流程图

而可以兼收两个流程的优点，获得较单一的拜耳法和烧结法更好的经济效果。应该指出的是，联合法流程比单一方法更加复杂，所以只有当生产规模比较大时，采用联合法才是可行的和有利的。

拜耳-烧结联合法根据其工艺流程又分为并联法、串联法和混联法。

并联法生产工艺包括拜耳法和烧结法两个平行的生产系统。其中，拜耳法处理高品位矿石，烧结法处理低品位矿石。并联法生产氧化铝工艺流程图如图 3-4 所示。

并联法的优点：

（1）可以在处理优质铝土矿的同时，处理低品位铝土矿；

（2）种分母液蒸发时析出的结晶碱可直接送烧结法配料，取消了拜耳法的碳酸钠苛化工序；

（3）生产过程中的碱损失可用较低的碳酸钠补充；

（4）流程中烧结法和拜耳法部分互相较为独立，利于控制和调整。

并联法的缺点是矿石中氧化铝回收率较低，碱耗较高。

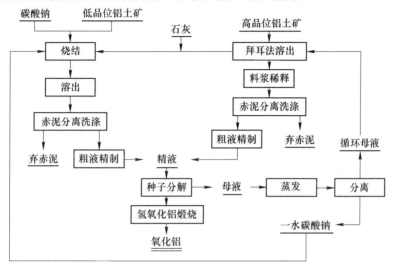

图 3-4　并联法生产氧化铝工艺流程图

串联法生产工艺的实质是先以拜耳法处理铝土矿，提取大部分氧化铝后再用烧结法处理拜耳法赤泥，进一步提取拜耳法赤泥中的氧化铝和碱。其基本工艺流程如图 3-5 所示。

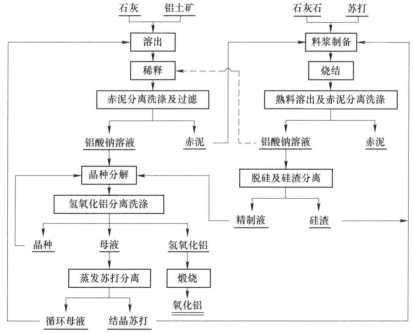

图 3-5　串联法生产氧化铝工艺流程图

串联法的优点是：

（1）矿石中氧化铝的总回收率高、碱耗低；

（2）矿石中的大部分氧化铝是由加工费用和投资都较低的拜耳法提取的，故产品的综合能耗和成本相对降低，适宜于处理中低品位的铝土矿。

主要缺点是：拜耳法赤泥熟料的烧结温度范围比较窄、熟料窑操作比较困难，且生产组织管理要求较高，拜耳法系统的生产在很大程度上受烧结法系统影响和制约。

混联法生产工艺是结合我国的资源和生产条件创造出来的氧化铝生产方法。其主要特点是在串联法的基础上，在拜耳法赤泥中添加一部分低品位铝土矿，使熟料铝硅比提高，也使熟料熔点提高、熟料的烧结温度范围变宽，从而改善了熟料的烧结过程。这种将拜耳法和同时处理拜耳法赤泥与低品位铝矿的烧结法结合在一起的联合法叫混联法。目前我国大部分氧化铝产品是采用此种方法生产的。混联法工艺流程如图 3-6 所示。

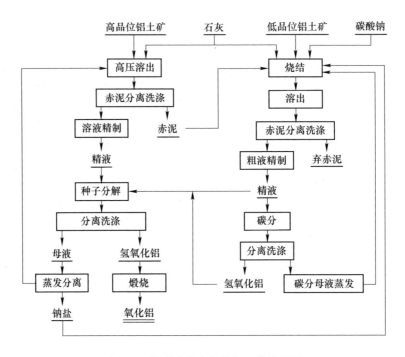

图 3-6 混联法生产氧化铝工艺流程图

混联法除具有并联法和串联法的优点外，还可解决以下问题：

（1）串联法处理低铁铝土矿时补碱不足的问题；

（2）低铝硅比熟料烧结困难和技术指标不佳的问题；

（3）串联法中拜耳—烧结两系统的相互制约、难以掌握生产平衡的问题，从而使整个生产更具有灵活性，有利于最大限度地发挥设备的生产能力。

混联法存在的主要缺点是：流程长、设备繁多、控制复杂等。

3.1.3.2　酸法

酸法生产氧化铝是用盐酸、硫酸、硝酸等无机酸处理铝土矿，得到相对应的铝盐酸性水溶液。然后使这些铝盐成碱式铝盐（水解结晶）或水合物晶体（经过蒸发结晶）从溶液中析出[168]。亦可用碱中和这些铝盐的水溶液，铝以氢氧化铝的形态析出，煅烧所得的氢氧化铝或碱式铝盐或各种铝盐的水合晶体，便可得无水氧化铝。

酸法[169-172]用于处理分布很广的高硅、低铁的含铝原料，如黏土、高岭土等[173-178]，这在原则上是合理的。由于铝土矿资源的缺乏，近年来一些国家把酸法作为处理非铝土矿原料生产氧化铝的技术储备[179-183]。但与碱法比较，在工艺技术上还有很多问题没能解决，因此至今未能实现工业化。

3.1.3.3　酸碱联合法

酸碱联合法这一流程的实质是用酸法除硅、碱法除铁。就是先利用加酸处理高硅铝矿中含有的铁、钛等杂质，生成不纯净的氢氧化铝，然后再用碱法（拜耳法）处理。

3.1.3.4　氨法

氨法处理铝土矿是利用其与硫酸铵发生焙烧反应，生成的熟料经溶出分离，以氨水调节滤液 pH 值，重结晶得到硫酸铝铵 $[NH_4Al(SO_4)_2 \cdot 12H_2O]$ 中间体，再经煅烧得到氧化铝产品。

硫酸铵法处理铝土矿具有反应过程中不添加任何助剂；无废气、废渣的排放；反应呈弱酸性体系，对设备腐蚀弱的特点。

3.1.3.5　热法

热法的实质是在高炉或电炉内还原熔炼矿石，同时获得铝酸钙炉渣和硅铁合金（或生铁），利用二者的密度差异进行分离，再用碱法处理炉渣提取氧化铝[184]。此法是为处理高硅高铁矿而提出的。

3.2　氧化铝的性质及用途

氧化铝，白色粉末，六方晶型结构，分子式通常写为 Al_2O_3，相对分子质量为 101.96，为典型的两性氧化物，不溶于水，可溶于无机酸和碱性溶液，由于其结晶形式不同，在酸、碱溶液中的溶解度及溶解速度也不同。

氧化铝有多种同素异形体，如 $\alpha\text{-}Al_2O_3$、$\beta\text{-}Al_2O_3$、$\gamma\text{-}Al_2O_3$、$\chi\text{-}Al_2O_3$、$\theta\text{-}Al_2O_3$、$\eta\text{-}Al_2O_3$、$\delta\text{-}Al_2O_3$。常见稳定结构的氧化铝主要是 $\alpha\text{-}Al_2O_3$ 和 $\gamma\text{-}Al_2O_3$。

α-Al$_2$O$_3$性质稳定，熔点为2050℃，沸点为2900℃，密度为3.9~4.0g/cm^3。γ-Al$_2$O$_3$是将各种Al(OH)$_3$加热脱水获得的[185-188]。

表征氧化铝物理性质的指标有：安息角、α-Al$_2$O$_3$含量、容积密度、粒度和比表面积以及磨损系数等。

根据氧化铝的物理性质，通常可将氧化铝分为砂状、面粉状和中间状氧化铝三种类型。砂状氧化铝呈球状，颗粒较粗，粒径比较均匀，流动性好，具有较小的容积密度，较大的比表面积，略小的安息角，α-Al$_2$O$_3$含量较少，γ-Al$_2$O$_3$含量较高，吸附能力强，强度高。

面粉状氧化铝呈片状或羽毛状，颗粒较细，表面粗糙，流动性差，具有较大的容积密度，比表面积小，α-Al$_2$O$_3$含量高，安息角较大，强度差[189]。

中间状氧化铝的物理性质介于砂状和面粉状氧化铝之间[190]。三种类型氧化铝的性质如表3-5所示。

表3-5　三种类型氧化铝的性质

属　　性	砂状	中间状	粉状
<45μm 含量/%	<10	10~20	20~50
平均粒度/μm	80~100	50~80	50
安息角/(°)	30~35	35~40	40
比表面积/m^2·g^{-1}	>35	>35	2~10
绝对密度/g·cm^{-3}	<3.7	<3.7	>3.9
松密度/g·cm^{-3}	>0.85	>0.85	≤0.75
灼烧/%	≤1.0	≤0.8	≤0.5
α-Al$_2$O$_3$含量/%	<20	20~70	>70

氧化铝是生产金属铝的主要原料，据统计，90%以上的氧化铝供电解炼制金属铝使用，其余10%主要用于保温材料、阻燃剂、特种陶瓷、药品等行业[191]。

3.3　氧化铁的性质与用途

三氧化二铁又名铁红、铁丹，红棕色粉末，熔点1565℃，相对密度5.24，不溶于水，溶于酸，微溶于硝酸和醇类。能被氢气和一氧化碳还原成铁。分散性好，着色力及遮盖力强，无油渗性和水渗性，耐温、耐光、耐碱、粒度细，粒径为0.01~0.05μm，比表面积大，具有强烈的吸收紫外线性能。当光线投射到含有透明铁红颜料的漆膜或塑料时，呈透明状态。化学稳定性好，对阳光反射力强，可以减缓漆膜老化，是较好的防锈颜料，附着力强、无毒、性质稳定，颜色经长久曝晒不变。无毒、无味、无臭，对人体无副作用，剂量不限。普遍用于建筑、橡胶、塑料、涂料等工业，特别是铁红底漆具有防锈性能，可代替高价的红丹漆，在涂料工业中用作防锈颜料，也用作橡胶、人造大理石、地面水磨石的着色剂，塑料、石棉、人造革、皮革揩光浆等的着色剂和填充剂。它是高级精磨材料，用于精密的五金仪器、光学玻璃的抛光，是高纯度粉末冶金的主要基料，用来冶炼各种磁性合金和其他高级合金钢[192-199]。

3.4 实 验 原 料

本章实验所用的原料为山东某地低品位铝土矿，经过破碎研磨后使用；该矿含有多种有价金属元素，铝、铁、钛、锰、钾等，铝的含量较高、铁的含量较低（总 Al_2O_3 含量为 38%~54%、Fe_2O_3 含量为 14%~23%），铝硅比较低（A/S 为 2.0~2.2）。

3.4.1 化学成分分析

采用德国 XEPOSX 荧光分析仪对铝土矿的化学成分进行了半定量分析，结果如表 3-6 所示。可见铝土矿中铝的含量占总质量的 53.91%，硅、铁含量均较高，三者之和占铝土矿总质量的 96.83%，具有综合利用价值。

表 3-6　铝土矿的主要化学组成　　　（质量分数/%）

成　分	Al_2O_3	Fe_2O_3	SiO_2	TiO_2	SO_3	K_2O	MnO_2	BaO_2	其他
含　量	53.91	22.87	20.05	1.50	0.63	0.39	0.19	0.15	0.40

采用化学法对铝土矿中含量较高的铝、铁、硅进行定量分析，结果如表 3-7 所示。本章中用于计算的数值均采用定量分析的结果。

表 3-7　铝土矿的主要化学组成　　　（质量分数/%）

成　分	Al_2O_3	Fe_2O_3	SiO_2
含　量	38.71	14.81	19.13

3.4.2 物相成分分析

采用 D/max-2500PC 型 X 射线衍射仪对铝土矿的物相分析，测定条件为：使用 Cu 靶 Kα 辐射，波长 $\lambda = 1.544426 \times 10^{-10}$ m；工作电压 40kV；2θ 衍射角扫描范围 10°~90°；扫描速度 0.033(°)/s。

铝土矿 X 射线分析图谱见图 3-7。由图 3-7 可知，该铝土矿中的铝大多以三水铝石形式存在，它的特征衍射峰尖锐。部分铝以高岭土的形式存在。大部分硅以石英形式存在，铁则以针铁矿形式存在。

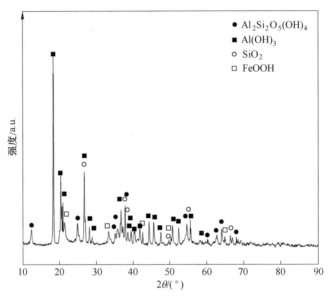

图 3-7 铝土矿的 XRD 图

3.4.3 微观形貌分析

采用 S-3400N 型扫描电子显微镜对经破碎研磨后的铝土矿进行了扫描电镜分析，测定条件为：工作电压 15kV；加速电流 15mA；工作距离 17mm。分析结果如图 3-8 所示，由图 3-8 可知此铝土矿呈不规则形状，经破碎研磨后颗粒较细，达到了 200 目（粒径 74μm），颗粒较为均匀。

图 3-8 铝土矿的 SEM 图

3.5　实验药品及设备

3.5.1　实验药品

硫酸、氯化亚锡、钨酸钠、甲基橙、二苯胺磺酸钠、三氯化钛、重铬酸钾、硫酸锌、氟化钾、磷酸、盐酸、液体石蜡、乙二胺四乙酸二钠、氨水、冰乙酸、无水乙酸钠、二甲酚橙、锌粒、碳酸氢铵，以上药品均为分析纯。硫酸铵，工业级，纯度大于 96%。

3.5.2　实验设备

本实验所用的仪器及设备见表 3-8。

表 3-8　实验仪器与设备

名　称	生　产　厂　家	型　号
筒式球磨机	锤东理化仪器制造厂	BS2308
电子天平	北京赛多利斯仪器系统有限公司	BS124S
圆柱形电阻电炉	自制	—
镍铬镍硅型热电偶	沈阳虹天电气仪表有限公司	WRNK-151
智能温度控温仪	沈阳东北大学冶金物理化学研究所	ZWK1600
循环水式真空泵	巩义市予华仪器有限责任公司	SHE-D（Ⅲ）
电热恒温鼓风干燥箱	上海一恒科技有限公司	DHG-9070A
高速中药粉碎机	兰溪市伟能达电器有限公司	WND-500A 型
搅拌器	沈阳工业大学	J100
搅拌器数显调节仪	沈阳工业大学	MODELW-02
马弗炉	沈阳长城工业电炉厂	SRJX-4-13
集热式恒温磁力搅拌器	金坛市荣华仪器制造有限公司	DF-Ⅱ

此外，还需要坩埚、电热板、玻璃棒、烧杯、温度计、移液管、量筒、锥形瓶、pH 精密试纸、容量瓶等。

3.6　实　验　原　理

铝土矿中的 Al 和 Fe 均能和硫酸在一定的焙烧条件下发生反应，大部分的铝氧化物、铁氧化物可与硫酸反应生成可溶性的硫酸盐，且 SiO_2 不发生反应。反应后产生的熟料可通过溶出、过滤分离，从而使 Al、Fe 和 Si 分离。Al 和 Fe 以 $Al_2(SO_4)_3$ 和 $Fe_2(SO_4)_3$ 的形式存在于溶液中，待下一步分离。

焙烧过程中涉及的反应：

$$Al_2O_3 + 3H_2SO_4 \rule[0.5ex]{2em}{0.4pt} Al_2(SO_4)_3 + 3H_2O \tag{3-1}$$

$$Fe_2O_3 + 3H_2SO_4 \rule[0.5ex]{2em}{0.4pt} Fe_2(SO_4)_3 + 3H_2O \tag{3-2}$$

$$2FeOOH + 3H_2SO_4 \rule[0.5ex]{2em}{0.4pt} Fe_2(SO_4)_3 + 4H_2O \tag{3-3}$$

3.7 实 验 步 骤

3.7.1 制样

将粒度较大的矿石原料进行破碎，以方便实验。本实验中是使用筒式球磨机进行破碎，再用 200 目（74μm）标准分样筛过筛出磨细的矿粉。称取一定量的矿粉于研钵中，再加入一定比例的硫酸于研钵中，研磨至其混合均匀。

3.7.2 焙烧

把混匀的物料放置在电阻丝炉内的不锈钢反应器中，一定要盖好其中的密封塞，然后物料按照程序进行焙烧。

3.7.3 浸出

将焙烧熟料与水按一定的固液比加热浸出，过滤得到的第一次、第二次浸出液分别叫原液、洗液。浸出液为含硫酸铝、硫酸铁的溶液，待其冷却后测量其中所含的 Al 和 Fe 含量。

3.7.4 铝的测定

本章实验采用 EDTA 滴定法测铝，用浓度为 0.01mol/L 的 EDTA 滴定溶液中的铝离子。

3.7.4.1 测定原理

铝能和 EDTA 形成中等强度的配合物。微酸中加入过量 EDTA，调整 pH 值为 5.5~6.0，使铁、铝、铜、锌、钛、镍等离子与 EDTA 完全配合后，用氯化锌回滴过量的 EDTA，然后加氟化钾置换 EDTA-Al 配合物，再用氯化锌标准滴定溶液滴定释放出的 EDTA，以二甲酚橙为指示剂，由黄色转变为红色，即为终点。其反应如下：

$$HY^{2-} + Al^{3+} \rule[0.5ex]{2em}{0.4pt} AlY + H^+ \tag{3-4}$$

$$AlY + 3NaF \Longrightarrow AlF_3 + Y^{3-} + 3Na^+ \tag{3-5}$$

$$Zn^{2+} + H_2Y^- \Longrightarrow ZnY^- + 2H^+ \tag{3-6}$$

3.7.4.2　测定步骤

取 1~5mL 待测液，加入 10mL 0.1mol/L 的 EDTA 溶液加热煮沸。取下稍冷，以甲基橙为指示剂，用氨水（1+1）调至黄色，再过量滴 2 滴，加入 10mL 乙酸-乙酸钠缓冲溶液，煮沸 1min 后取下，冷却至室温，加 3~4 滴 5g/L 的二甲酚橙指示剂，用氯化锌标准溶液滴定至溶液由黄色恰好转变为紫色（不必计数）。加入 10mL 100g/L 的氟化钾溶液，煮沸 1min，取下冷却至室温，再加入 2 滴 5g/L 的二甲酚橙指示剂，用氯化锌标准滴定溶液滴定至由黄色变为紫红色，即为终点。铝的提取率 α_{Al}（%）计算如下：

$$\alpha_{Al} = \frac{27CVV_0}{vm} \times 100\% \tag{3-7}$$

式中，27 为铝的摩尔质量，g/mol，C 为硫酸锌溶液浓度；mol/L，V 为硫酸锌溶液体积，mL；V_0 为溶液总体积，L；v 为所取溶液体积，mL；m 为样品中铝的质量，g。

3.7.4.3　试剂配制

（1）甲基橙溶液：取甲基橙 0.1g，加热水 100mL 使之溶解，即得变色范围为 3.2~4.4 的 1g/L 甲基橙溶液；

（2）二甲酚橙指示剂：取二甲酚橙 0.2g，加水 100mL 使之溶解，加 3~4 滴氨水；

（3）乙酸-乙酸钠缓冲溶液：取 150g 乙酸钠，18mL 冰乙酸加到 1L 水中；

（4）氟化钾溶液：100g/L；

（5）硫酸锌溶液：0.05mol/L；

（6）EDTA：0.1mol/L；

（7）氨水：1+1。

3.7.5　铁的测定

本实验采用重铬酸钾滴定法来测定铁的含量。

3.7.5.1　测定原理

在盐酸介质中用氯化亚锡还原大部分 Fe(Ⅲ)，以钨酸钠为指示剂，三氯化钛还原剩余的 Fe(Ⅲ) 为 Fe(Ⅱ)，过量的三氯化钛进一步还原钨酸根生成钨蓝，再滴加重铬酸钾至蓝色消失。以二苯胺磺酸钠为指示剂，重铬酸钾标准溶液滴定 Fe(Ⅱ)。具体反应如下：

$$2Fe^{3+} + Sn^{2+} \Longrightarrow 2Fe^{2+} + Sn^{4+} \tag{3-8}$$

$$6Fe^{2+} + Cr_2O_7^{2-} + 14H^+ \Longrightarrow 6Fe^{3+} + 2Cr^{3+} + 7H_2O \tag{3-9}$$

3.7.5.2　测定步骤

取 10mL 溶液置于 500mL 容量瓶中定容。再取定容后的溶液 10mL 于锥形瓶中，加入 30mL 盐酸（1+1）后放在电热板上加热微沸 3~5min，趁热滴加氯化亚锡至溶液呈黄色或无色；用水稀释至 60mL 左右，加入 10 滴钨酸钠指示剂，再加入三氯化钛使溶液呈蓝色，用重铬酸钾溶液滴定到蓝色消失，加入 10mL 硫磷混酸，2~3 滴二苯胺磺酸钠指示剂；立即用重铬酸钾标准溶液滴定至溶液呈稳定的蓝紫色为终点。铁的提取率 $\alpha_{Fe}(\%)$ 计算如下：

$$\alpha_{Fe} = \frac{56CVV_0}{vm} \times 100\% \tag{3-10}$$

式中，56 为铁的摩尔质量，g/mol；C 为重铬酸钾溶液浓度，mol/L；V 为消耗重铬酸钾溶液体积，mL；V_0 为溶液总体积，L；v 为所取溶液体积，mL；m 为样品中铁的质量，g。

3.7.5.3　试剂的配制

（1）氯化亚锡溶液（100g/L）：称取 10g 氯化亚锡溶于 10mL 盐酸中，用水稀释 100mL，存放于棕色瓶中；

（2）硫磷混酸：将 150mL 硫酸慢慢加入 500mL 水中，冷却后加入 150mL 磷酸，用水稀释至 1L，混匀；

（3）重铬酸钾标准滴定溶液：称取 1.7559g 重铬酸钾（基准试剂预先在 150℃烘干 1h 放于 250mL 烧杯中），以少量水溶解后移入 1L 容量瓶中，以水定容。重铬酸钾标准滴定溶液对铁的滴定系数为 0.02000g/mL；

（4）钨酸钠溶液（250g/L）：称取 2.5g 钨酸钠溶于适量水中，加入 5mL 盐酸，用水稀释至 100mL，混匀；

（5）三氯化钛盐酸溶液：将 15% 的三氯化钛溶液 1mL 与（1+4）盐酸溶液 40mL 混合，存放于棕色瓶中，上面再加一层石蜡。

3.8　实验结果与讨论

3.8.1　焙烧温度对铝、铁提取率的影响

在硫酸与铝土矿配料比（质量比）3∶1、恒温时间 2h 条件下，考察焙烧温度对铝、铁提取率的影响，选择焙烧温度 300℃、350℃、400℃、450℃、500℃，如图 3-9 所示。

由图 3-9 可知，焙烧温度对铝和铁提取率的影响较大，随着温度的升高，铝和铁提取率先上升后下降，在 350℃时，铝和铁提取率最大，分别为 94.41% 和 66.89%。这是因为温度升高，增加参加反应的活化分子数量，增加反应的转化

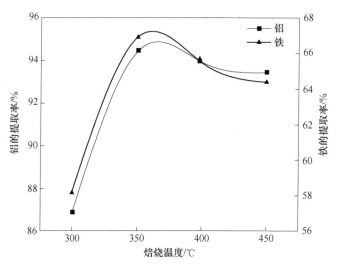

图 3-9 焙烧温度与铝和铁的提取率的关系

率。但并不是温度越高越好，因为硫酸的分解温度约 340℃，当温度达到 340℃ 及以上时，硫酸部分分解成三氧化硫和水，使得与铝、铁反应的硫酸量减少。从而影响了铝和铁的提取率。所以焙烧温度 350℃ 合适。

3.8.2 配料比对铝、铁提取率的影响

在焙烧温度 350℃、恒温时间 2h 条件下，考察硫酸与铝土矿不同配料比（质量比）对铝、铁提取率的影响，选择配料比为 2.4、2.7、3.0、3.3、3.6、3.9，结果如图 3-10 所示。

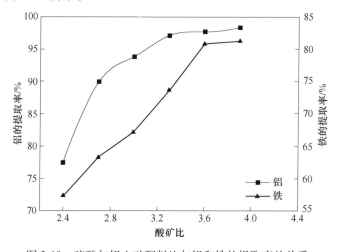

图 3-10 硫酸与铝土矿配料比与铝和铁的提取率的关系

由图 3-10 可知，随着硫酸与铝土矿配料比的增大，铝和铁提取率增加，在硫酸与铝土矿配料比高于 3.6：1 后，铝和铁提取率趋于稳定。这说明，硫酸与铝土矿配料比为 3.6：1 时，硫酸量即可保证大部分铝和铁参加反应。再提高硫酸与铝土矿配料比，提取率变化不大，故硫酸与铝土矿配料比选用 3.6：1 为佳。

3.8.3 焙烧恒温时间比对铝、铁提取率的影响

在硫酸与铝土矿配料比（质量比）3.6：1，焙烧温度 350℃条件下，考察焙烧恒温时间对铝、铁提取率的影响，选择恒温时间为 1h、1.5h、2h、2.5h、3h，结果如图 3-11 所示。

由图 3-11 可知，焙烧恒温时间对铝和铁提取率的影响较大，随着恒温时间的增长，铝和铁提取率先增大后减小。在 2h 达到最大值，这是因为随着时间的延长，反应进行的充分，生成的可溶盐越多，铝和铁提取率越高；但在 2h 后，提取率呈现下降趋势，这是因为在 350℃焙烧，已经达到了硫酸的分解温度，时间越长，硫酸分解的就越多，参与反应的量减少，使得铝和铁的提取率下降，因此，选择恒温时间为 2h。

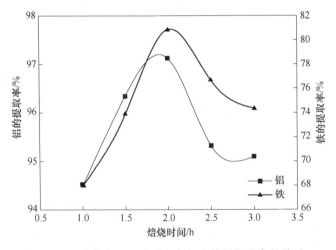

图 3-11 焙烧恒温反应时间与铝和铁的提取率的关系

3.8.4 正交实验结果与分析

在单因素实验的基础上设计正交实验，研究当多个因素共同作用时，铝土矿与硫酸焙烧中铝和铁提取率的变化规律和各影响因素主次顺序，确定最佳反应条件。

在正交实验中，取硫酸与铝土矿的配料比（质量比）、焙烧温度、焙烧恒温时间三个正交因素，设计了三因素三水平 $L_9(3^3)$ 的正交实验。正交实验因素水平表见表 3-9。研究以上三种影响因素同时作用时，铝土矿中铝和铁转化率的变化规律以及各个影响因素的影响顺序，选择最佳方案，从而确定铝土矿硫酸焙烧的最优条件。

表 3-9 正交实验因素水平表

水　平	A 酸矿比	B 焙烧温度/℃	C 焙烧时间/min
1	3.45	300	90
2	3.6	350	120
3	3.75	400	150

正交实验结果如表 3-10 所示。铝、铁的含量均很高。所以本实验将铝和铁的提取率的权值均设置为 0.5。由表 3-10 可知，铝的提取率均很高而铁的提取率偏低，通过焙烧，然后根据式（3-11）计算出每个实验的综合提取率，其结果见表 3-10 最右列。

表 3-10 正交实验结果与分析

项目	A 酸矿比	B 焙烧温度/℃	C 焙烧时间/min	铝 提取率/%	铁 提取率/%	综合 提取率/%
1	3.45	300	90	92.59	76.53	84.56
2	3.45	350	120	93.16	78.22	85.69
3	3.45	400	150	85.68	62.91	74.3
4	3.6	300	120	90.25	75.35	82.8
5	3.6	350	150	95.11	75.47	85.29
6	3.6	400	90	94.1	74.4	84.25
7	3.75	300	150	89.47	72.31	80.89
8	3.75	350	90	92.31	76.75	84.53
9	3.75	400	120	97.72	79.53	88.63
K_1	81.52	82.75	84.45			
K_2	84.11	85.17	85.71			
K_3	84.68	82.39	80.16			
R	3.16	2.78	5.55			

$$综合提取率 = 铝权值（0.5）\times 铝提取率 + 铁权值（0.5）\times 铁提取率$$

$$(3-11)$$

由综合提取率计算，得出对应的 *K* 值以及极差，效应曲线图见图 3-12。

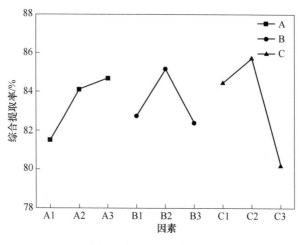

图 3-12 综合评分与因素水平关系图

从图 3-12 中可知优化组合为 $A_3 B_2 C_2$。即物料配比 3.75：1、焙烧温度 350℃、焙烧恒温时间 2h。按此方案进行实验所得实验结果的综合提取率为 90.16%，同时从表 3-10 中可知极差顺序为 $R_C > R_A > R_B$，从而得到影响因素的主次顺序为：焙烧时间，酸矿比，焙烧温度。按最佳方案进行多次验证实验，得到的铝提取率均在 98% 以上，铁提取率均在 80% 以上。

3.8.5 溶出渣分析

经过焙烧以及溶出，铝土矿中的大部分铝、铁都被提取出来，焙烧渣中的主要成分为 SiO_2。按上述最佳工艺条件将铝土矿焙烧溶出，将滤渣多次洗涤烘干后，对其分别进行化学成分分析、物相表征。分析结果如表 3-11 及图 3-13 所示。

表 3-11 溶出渣的主要化学组成 （质量分数/%）

成 分	SiO_2	Al_2O_3	Fe_2O_3	SO_2
含 量	86.31	2.85	6.72	4.12

由表 3-11 可以看出，溶出渣的主要成分为二氧化硅，其含量在 85% 以上，其次为残留的 Al_2O_3 和 Fe_2O_3。

图 3-13 为溶出渣的 XRD 图，由图可见，溶出渣主要物相为石英相的二氧化硅，衍射峰尖锐。溶出渣中还含有未洗净的 $Fe_2(SO_4)_3$（该物质含量较少，未在 XRD 中检测出）和未烧结出来的 Fe_2O_3。

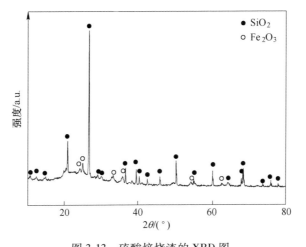

图 3-13 硫酸焙烧渣的 XRD 图

4 锌资源利用

4.1 锌的性质及用途

锌是一种重要的有色金属，其产量仅次于铝和铜[200]。金属锌是白而略带蓝灰色的金属[201]，断面具有金属光泽。锌在室温下很脆，延展性差，加热到100~150℃时富有延展性，可压成0.05mm薄片，或拉成细丝，当温度超过250℃后，则失去延展性又变脆。锌在熔点附近的蒸气压很小，液体锌蒸气压随温度的升高急剧增大，这是火法炼锌的基础。其物理性质如表4-1所示。

表4-1 锌的主要物理性质

熔点/K	沸点/K	密度 /g·cm^{-3}	比热容 /J·g^{-1}	熔化热 /J·mol^{-1}	汽化热 /J·mol^{-1}	热导率 /W·(m·K)$^{-1}$
692.505	1179.97	6.58	0.383	7386	114754	116（300K）

锌的化学性质很活泼，最外层有两个电子，在化学反应中容易失去二个价电子参与成键，如 ZnO、$ZnCO_3$、$Zn(NO_3)_2$ 和 $ZnCl_2$ 等。

室温下，锌在干燥的空气中很稳定，但在潮湿而含有 CO_2 的空气中，可使其表面生成一层碱式碳酸锌致密薄膜以保护锌进一步地被腐蚀。当温度达到225℃后，锌氧化激烈，燃烧时，发出蓝绿色火焰。

锌易溶于大多数无机酸中，但稀盐酸和稀硫酸与纯锌的作用较慢，随着酸的浓度和温度的提高，反应加剧。锌在强碱溶液中反应放出氢并生成锌酸盐，锌也易溶于氨水或铵盐水溶液得到锌-氨配合离子或其他的配合物。

锌是现代生活中必不可少的金属，表4-2总结了锌的不同性能及其应用[202]。

表4-2 锌的性能及其应用

性　　能	最初使用	最终使用
属负电性金属；抗腐蚀性能良好，保护钢材免受腐蚀	热镀锌、电镀锌、喷镀锌、锌粉涂层、粉镀锌	建筑物、电力/能源、家具、农用机械、汽车和交通工具
熔点较低，熔体流动性好，易于压铸成型	压铸和重力铸造	汽车、家用设备、机械器件、玩具、工具等

性　　能	最初使用	最终使用
系合金元素，易与其他金属形成不同性能的多种合金	黄铜、铝合金、镁合金	建筑物、汽车、各种机械装置的零部件、电子元件等
成型性和抗腐蚀性好	轧制锌	建筑物
电化学性能	锌-二氧化锰电池，锌-空气电池，锌-银蓄电池	汽车/交通运输工具、计算机、医用设备、家用电器
形成多种化合物	氧化锌，硬脂肪酸锌	橡胶、轮胎、颜料、陶瓷釉料、静电复印纸
	硫化锌	颜料、荧光材料
	硫酸锌	食品工业、饲料、木材、肥料、制革、医药、纸浆、电镀
	氧化锌	医药、染料、焊料、化妆品

4.2　锌的矿物资源和炼锌原料

4.2.1　氧化锌矿床的成因

锌矿石按其所含矿物种类的不同可分为硫化矿和氧化矿两类。

硫化矿中锌主要是闪锌矿（ZnS），冶炼的锌矿物原料95%以上是闪锌矿，含锌品位在40%~60%，但这种硫化矿的形成过程中常常会存在 FeS 固溶体，称为铁闪锌矿（$nZnS \cdot mFeS$），这种含铁高的闪锌矿会使提取金属过程复杂化，它们经选矿后得到硫化锌精矿。

当硫化矿床露出地表后，发生风化作用，可生成氧化带、次生硫化矿富集带和原生硫化矿物带，氧化锌矿即来源于硫化矿床的氧化带，大都赋存于地表附近，易于开采。氧化锌矿在自然界的形成过程大致如下：

硫化锌(闪锌矿)→硫酸锌→碳酸锌(菱锌矿)→硅酸锌(硅锌矿)→水化硅酸锌(异极矿)

氧化锌矿物成分简单，但结构和构造复杂，其中的脉石矿物主要为石灰石、白云石、石英、滑石、黏土、氧化铁和氢氧化铁。当脉石矿物为碳酸盐时，氧化锌矿中主要为菱锌矿、铁菱锌矿和水锌矿；而在石英含量较高的酸性脉石中，主要为异极矿（$H_2Zn_2SiO_5$）和硅锌矿（Zn_2SiO_4）。褐铁矿和氢氧化铁受到压碎时，容易变成很细的颗粒，形成大量的矿泥；在氧化带的边缘或内部溶解的锌会吸附各种分散性较高的物质（如黏土、铁赭石等）而形成含锌的黏土或高岭土及不同成分的含硅化合物。

4.2.2 主要的氧化锌矿物

氧化锌矿的主要矿物及其物理性质见表4-3。

表4-3 主要的氧化锌矿物

矿物名称	化 学 式	Zn 含量/%	硬度	比重/g·cm⁻³	颜 色
菱锌矿	$ZnCO_3$	52	5	4.3~4.45	白、灰、黄色
硅锌矿	Zn_2SiO_4	58.6	5.5	3.9~4.2	白、绿、黄色
异极矿	$H_2Zn_2SiO_5$ 或 $Zn_2SiO·4H_2O$	54.2	4.5~5	3.4~3.5	白、绿、黄色
红锌矿	ZnO	80.3	4~4.5	5.4~5.7	赭色、橙黄色
锌尖晶石	$ZnO·Al_2O_3$	44.3	5	4.1~4.6	褐、绿色
锌铁尖晶石	$(Fe,Zn,Mn)O(Fe,Mn)_2O_3$	不定	6	5~5.2	黑色
水锌矿	$3Zn(OH)_2·2ZnCO_3$	不定	2~2.5	3.6~3.8	白、灰、黄色
铁菱锌矿	$(Fe,Zn)CO_3$	29	—	—	—
绿铜锌矿	$2(Zn,Cu)CO_3·(Zn,Cu)(OH)_2$	—	1	3.3~3.6	绿、淡青色
硫酸锌矿	$ZnSO_4$	很少见			
皓矾	$ZnSO_4·7H_2O$	28.2	2~2.5	2	白、红、黄色
纤维锌矿	ZnS	67.1	3.5~4	3.98	褐黑、黄色

4.2.3 国内外锌矿物资源及炼锌原料

自然条件下并不存在单一的锌金属矿床，通常情况下，锌与铅、铜、黄金等金属以共生矿的形式存在。全球锌资源较为丰富，据美国地质调查局（USGS）资料显示，2004 年世界锌资源量有 19 亿吨，2010 年世界探明的锌储量约为24.62 亿吨。2010 年全球锌储量和基础储量分布表如表4-4所示。锌储量较多的国家有中国、澳大利亚、美国、加拿大、哈萨克斯坦、秘鲁和墨西哥等。其中，澳大利亚、中国、秘鲁、哈萨克斯坦四国的矿石储量占世界锌储量的54%左右，占世界基础储量的64.66%。

中国的锌矿资源丰富，地质储量居世界第二位，仅次于澳大利亚。至 2010年底，我国锌的地质保有储量为 4.2 亿吨，我国锌金属资源的分布相对集中在南岭、川滇、滇西、秦岭—祁连山和内蒙古狼山—渣尔泰山等五大成矿区，五个地区锌保有储量占全国总储量的 65.88%。其中，云南兰坪氧化铅锌矿是我国最大的铅锌矿床，在目前已发现的世界大型铅锌矿床中，兰坪铅锌矿名列第四位。我国锌矿石的类型复杂，中、高品位储量较少，贫矿较多，平均品位只有 4.66%，而低品位储量占 50%以上，且伴生元素多，复杂类型矿床多，能形成规模化生产的矿山少，但综合利用价值比较高，而且未被开发利用的储量大多集中在建设条件和资源条件不好的矿区。

表 4-4　2010 年全球锌储量和基础储量分布表

国　　家	储量/万吨	基础储量/万吨
澳大利亚	53000	100000
中国	42000	92000
美国	12000	90000
秘鲁	23000	23000
墨西哥	15000	25000
印度	11000	—
玻利维亚	6000	—
哈萨克斯坦	16000	35000
加拿大	6000	30000
爱尔兰	200	—
其他国家	62000	—
世界总量	246200	395000

我国资源保证年限不高，尚不及世界平均水平的一半。锌储量的静态保证年限不足 5 年，基础储量的静态保证年限为 7.4 年，后备资源严重不足，可供规划利用的资源储量不多。根据原国土资源部《全国矿产资源规划（2008—2015）》，到 2010 年，铅锌矿产的国内保障程度要达到 55%以上；到 2015 年，铅锌矿产的国内保障程度保持现有水平或得到提高。

从长期来看，我国国内锌金属矿藏资源难以满足国内消费需要，必须大量从国外进口原矿石和锌精矿。

在现阶段的锌冶炼矿物原料以硫化矿为主，辅之为氧化矿。硫化矿中绝大部分为浮选硫化精矿，其次是铅锌混合精矿及少量高铁、高铅、高镁、高硅的精矿和高锌铅精矿。浮选硫化精矿一般成分范围为：Zn 含量为 45%~60%、Fe<12%、Pb<2%、Cu<1%、Cl<0.4%、S<30%、Ag<150g/t，还含有 Cd、Te、In、Re、Hg、Ca、Mg、Al、Si、Sb、As 等元素。随着锌产量的不断增大，硫化矿物在不断减少，产品需求的增加和原料供应日益紧张的矛盾越来越突出，在保证不影响需求和质量的情况下尽可能地寻找和开采利用硫化矿物的替代品已势在必行。而在自然界中锌往往以硫化矿物和氧化矿物形态存在。因此氧化矿物必然成为炼锌的另一原料来源。

4.3 氧化锌矿综合利用的进展

在我国锌资源大量消耗的情况下，合理有效利用氧化锌矿提炼金属锌是实现锌冶炼可持续发展的重要途径。就目前来说，氧化锌矿处理方式有两类：一是氧化锌矿经选矿富集后进入冶炼程序得到金属锌；二是将氧化锌矿直接进入冶炼程序处理，直接冶锌的方法又可分为火法和湿法两类[203]。

4.3.1 氧化锌矿选矿工艺

氧化锌矿选矿的目的是进行预先富集以提高精矿品位，降低冶炼成本。世界上有几十个国家开采和选别氧化锌矿石，主要是意大利、西班牙、德国、俄罗斯、波兰、美国和中国等[204]。

氧化锌矿结构复杂，相互掺杂伴生，泥化状态严重，且含有一定量的可溶性盐、褐铁矿及黏土，这些杂质在浮选过程中容易变成很细的颗粒，形成大量的矿泥，干扰浮选的进行[205-206]。因此，微细粒氧化锌矿物与脉石的有效分离是氧化锌矿选矿面临的最大难题。根据有关资料报道[207]，国外氧化锌矿的选别指标为：精矿品位36%~40%，回收率60%~70%，最高达78%；我国精矿含锌35%~38%，个别达40%，回收率平均在68%左右，最高达73%。与国外相比，我国在氧化锌矿浮选方面还存在着较大的差距。因此，提高选矿指标、降低成本、提高经济效益是生产和科研亟待解决的课题之一。目前，氧化锌矿浮选主要集中在以下两个方面的研究：（1）浮选药剂的研究；（2）浮选工艺的改进和新工艺的探索[203]。

4.3.1.1 浮选药剂研究

氧化锌矿的浮选药剂主要有捕收剂、调整剂、絮凝剂及起泡剂[208]。

目前，常规浮选方法是通过捕收剂对硫化作用后的氧化锌矿捕收，对捕收剂的研究主要集中在解决矿物复杂、消除矿泥及可溶性盐的影响等方面的难题[209]。胺类和黄药是两种较为普遍的捕收剂[210]，胺类捕收剂主要是脂肪胺（伯胺），国外大多是十二胺而我国主要用十八胺和混合胺[211]，黄药捕收剂即烃基二硫代碳酸盐，主要是戊黄药和丁基黄药之类的高级黄药，对这两种捕收剂的作用及机理已经有了较深的研究[212-218]，近年来研究方向逐渐转为其他类型的捕收剂如螯合捕收剂[219-220]、阳离子捕收剂[221-222]、阴离子捕收剂[223]及复合捕收剂[220]，通过不同的试验条件，探索它们的吸附性能与捕收性能的相关性，测定其在矿物上的吸附作用，并取得了一定程度上的进展。

调整剂即在添加捕收剂之前、之后或同时，再添加一些能够改变矿物表面性质或矿浆性质、有助于矿物分选的无机或有机药剂。调整剂在浮选过程中可以提高选择性，加强捕收剂与矿物的作用，改善矿浆的条件，对浮选效果具有重要的影响[209]。这类药剂主要包括抑制剂、活化剂[210]。凡是能够提高矿物表面亲水性的药剂称之为抑制剂；提高矿物表面疏水性的药剂称之为活化剂。氧化锌矿浮选过程中活化剂一般采用硫化钠，也可以采用硫酸盐[214,224]，同时一些文献也证明了将水杨醛肟应用于一些氧化锌矿的浮选中，矿物的浮选率均提高[225]。水玻璃和六偏磷酸钠是氧化锌浮选中常用的分散剂和抑制剂，它们可以起到分散矿泥的作用，不仅能抑制褐铁矿、方解石及石英等脉石矿物，降低矿泥等杂质对氧化锌矿浮选的不利影响，而且能提高氧化锌矿物的浮选率，但用量过高，会在矿物表面形成大量的吸附，阻碍捕收剂的吸附，所以准确用量是关键[210,212]。

此外，矿物的分散、絮凝行为也是氧化锌矿浮选过程中的研究重点，其他诸如起泡剂等的研究也取得了一定程度上的进展[209,210,226]。

4.3.1.2 浮选工艺研究

迄今为止，处理氧化锌矿的浮选方法主要分为全浮选流程、重介质—浮选流程和磁选—浮选流程等，其中全浮选法是最常用的方法，主要有硫化-胺浮选法[227-229]、硫化-黄药浮选法[214]、脂肪酸直接浮选法[208]、高碳长链 SH 基捕收剂浮选法[230]、絮凝浮选法[231]以及其他浮选法[232-234]，其中硫化浮选法是主要的浮选方法[203,235]。

近年来，氧化锌矿的浮选工艺在脱泥提高回收率、不脱泥浮选、反浮选除杂、分粒级浮选、矿浆电化学预处理和选择絮凝剂等方面做了大量的研究工作并取得了一定的进展，但还处于不成熟阶段，仍需进一步研究[235]。

4.3.2 氧化锌矿火法冶炼工艺

火法处理氧化锌矿的原理是用焦炭、煤等还原剂将矿石中的氧化锌还原为金属锌，锌在高温下具有较大的蒸气压，以气态的形式挥发进入烟气中，再通过冷凝氧化获得品位较高的氧化锌供冶金等行业使用[236]，不易挥发的金属，在造渣的情况下以硫化物的形态集中回收，同时炉料内的脉石则形成弃渣。氧化锌矿火法工艺主要分为金属浴熔融还原挥发法、回转窑还原挥发法、烟化炉还原挥发法、电炉处理法、真空冶炼法等。

（1）金属浴熔融还原法[237]是利用高温液态金属作为加热介质，使含碳球团发生熔融反应还原挥发，从而与脉石矿物分离。其中金属熔体由电加热保持在给定的温度，根据金属的不同又分为铁浴法和铝浴法，铁浴法的还原温度（大于1250℃）很高；锌、铅挥发率都很高；铝浴法的还原温度（1100℃）则较低。郭兴忠等[238-240]进行了熔融还原法处理低品位氧化锌矿的实验研究，当锌铅含量较高且锌铅比较低时采用铝浴法可一次性得到符合标准的氧化锌粉产品和富铅铁渣，反之，如果氧化锌矿中的铅含量很低，同时其他易挥发性物质含量很少，则可以采用铁浴法。金属浴熔融还原法具有氧化物可快速还原，能够快速补充氧化物还原消耗的热量，促进氧化物还原反应的优点，但其反应过程中渣量大，能耗高，同时金属也可能与氧化锌矿中的渣体系相互反应，造成金属损失。

（2）回转窑和烟化炉还原挥发处理法[241-249]的原理是氧化锌和还原剂于高温下在回转窑或烟化炉内还原挥发，使锌富集在烟尘中，并被重新氧化，被收尘系统收集。这两种方法具有金属回收率高、氧化锌烟尘可返回浸出、渣易于堆放等优点，但由于冶炼的热量均来自煤燃烧，传热方式主要是对流传热，能量利用率低，因而具有能耗高，其他有价金属回收率低的缺点。

（3）电炉处理法[250-254]是利用电能将含锌物料加热并蒸馏出锌的过程，其过程主要包括氧化锌的还原和锌的蒸馏、冷凝。对氧化锌的锌品位要求很高，因而电炉法的原料条件要求严格。电炉处理法的热量来自电能转化，传热方式主要是辐射传热，能量利用率高，但由于目前我国大部分氧化锌矿属于低品位氧化矿，因而这种方法的使用受到了限制。

（4）真空冶炼法[255-256]是使用真空蒸馏方法直接冶炼氧化锌矿得到粗锌，该工艺较传统的冶炼，其能耗大为降低，产率高，且在冶炼过程中无有害物质挥发，环境较友好。

尽管氧化锌矿易于用火法处理，但这些工艺的实质只是锌的富集过程，得到粗级氧化锌，还需用常规的冶炼工艺才能生产金属锌。同时，火法工艺通常环节多、流程长、设备庞大、回收率低，且消耗大量的燃料和还原剂，1t 锌耗煤 10～15t，回收率仅为 50%～60%[257]，不仅能耗高，而且对环境造成非常大的污染[258]，因此，近年来研究的重点都转向了氧化锌矿的湿法冶金。

4.3.3　氧化锌矿湿法工艺

氧化锌矿的湿法工艺按浸出介质可分为酸浸、氨浸、碱浸，按浸出方式可分为槽浸、堆浸。

4.3.3.1　酸浸

酸浸处理氧化锌矿是目前研究较多，生产中应用也最为广泛的方法，主要包括浸出、净化、电积锌或转化制取其他锌产品等工序。但氧化锌矿通常锌品位低，矿物组成复杂，因此在酸性体系中，矿物中的大量杂质 Ca、Mg、Fe、Si 等溶解进入溶液，消耗浸出剂，更严重的是 Si、Fe 容易形成硅胶、氢氧化铁胶体，影响矿浆的固液分离[259]。因此，如何改善矿浆的过滤效果并保证较高的锌回收率成为研究热点，已有一些处理硅酸锌矿的酸浸技术用于工业生产[260-269]。

一般来说，氧化锌矿浸出时防止硅酸危害的途径主要有如下两种：

（1）设法在氧化锌矿浸出时不产生胶质 SiO_2，即使产生也应使其尽量减小到最低限度；

（2）氧化锌矿浸出时不控制 SiO_2 溶解，但设法控制矿浆中硅酸的聚合作用，使硅酸在胶凝前除去以改善矿浆液固分离的性能。

第一种途径操作简单，浸出渣易于过滤，但容易造成系统中硫酸和溶液无法平衡的问题，难以在常规湿法炼锌中采用。因而，目前，应用较多的是第二种途径，人们采用不同的方法将矿浆中胶质 SiO_2 在胶凝前以不同形式除去，达到易于矿浆液固分离的目的。目前，国外工业生产上应用的方法都属于这一类，其中有比利时老山公司的结晶除硅法（V-M 法）、澳大利亚电锌公司的顺流连续浸出法（EZ 法）、巴西三分之一法（Radina 法）。

A　结晶除硅法（V-M 法）

结晶除硅法是将浸出槽串联起来，严格控制浸出温度在 $70 \sim 90 \text{℃}$，在不断搅拌的情况下，向中性的矿浆中缓慢地加入硫酸溶液，逐步提高酸度，经 $8 \sim 10 \text{h}$，pH 值约为 1.5，即为浸出终点，SiO_2 呈结晶形态，易于过滤沉淀。工艺流程如图 4-1 所示[270]。

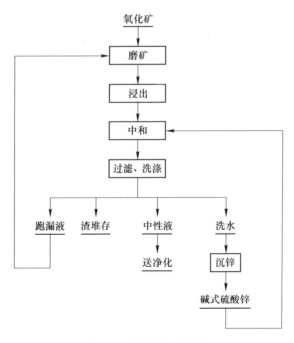

图 4-1　V-M 工艺流程图

B　顺流连续浸出法（EZ 法）

EZ 法由浸出阶段和硅酸凝聚阶段组成，矿石经常温浸出后立即进入中和絮凝过程，通过加入 Fe^{3+} 或 Al^{3+} 凝聚剂，使胶质 SiO_2 在高 pH 值、高 Zn^{2+} 浓度和足够的凝聚剂的条件下聚合成蛋白石（$SiO_2 \cdot nH_2O$）、硅灰石（$Ca_3SiO_2O_7$）和 β-

石英等颗粒相对紧密、易于过滤的沉淀物。工艺流程如图4-2所示[270]。

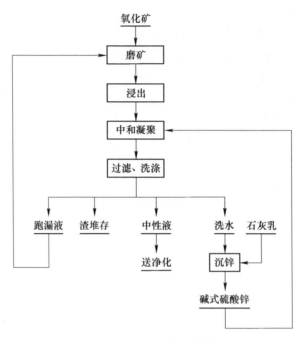

图 4-2 EZ 工艺流程图

C 巴西三分之一法（Radina 法）

Radina 法是浸出过程中，在胶质 SiO₂ 浓度低时，用已沉淀的 SiO_2 做晶种，在凝聚剂硫酸铝的协助下，促使较低浓度的 SiO_2 胶质沉淀下来。工艺流程如图4-3所示。该工艺采用间断操作，程序比较复杂，设备比较庞大，但浸出过程中，SiO_2 的凝聚是缓慢进行的，所以容易获得稳定的浸出结果[271]。

上述三种方法均采用稀硫酸溶液（或废电解液）直接酸浸，锌和硅分别以 $ZnSO_4$ 和 H_4SiO_4 形态进入溶液[272]，三种方法的主要区别是使硅酸在胶凝前从矿浆中去除的方法不同：结晶除硅法是通过使 SiO_2 形成结晶沉淀，EZ 法是将 SiO_2 中和絮凝聚合成易于过滤的沉淀物，而巴西三分之一法则是加入预先沉淀的晶形硅做晶种，促使 SiO_2 沉淀析出。三种方法均可使生产稳定、工艺流程畅通。然而，结晶除硅法与巴西三分之一法提取结晶时间长，且使用原矿作中和剂，提取中和渣含锌较高，锌提取率较低。EZ 法提取絮凝时间较短，使用石灰作中和剂，提取中和渣含锌较低，但提取过程中酸耗量大。

近些年，对氧化锌矿酸浸的研究很多，大多是集中在除硅、铁工作中所使用的中和剂及絮凝剂的研究、开发、改进。还有一些在浸出方式上的改进，如微波酸浸[273-277]、加压酸浸出[278-283]，以及解决低品位氧化锌矿浸出液中锌浓度低的

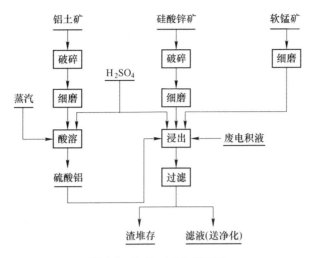

图 4-3 Radina 工艺流程图

循环浸出[284-286]、堆浸富集[287]、溶剂萃取[288-295]等方法。

总之，由于酸浸的工艺技术条件需要严格控制，因此酸浸的缺点是技术难度大，另外，仍存在脱硅难、渣量大、溶液难以平衡、酸耗大等问题。

4.3.3.2 氨浸

氨浸是指用氨或氨与铵盐做浸出剂，使矿物中的 Zn(II) 呈锌氨配离子进入溶液，生成稳定的锌氨配合物，从而与难溶脉石及不与氨配合的杂质金属 Ca、Mg、Si、Fe 等分离。氨浸工艺按浸出剂不同可分为氨水体系浸出、碳铵体系浸出、硫铵体系浸出、氯铵体系浸出。

（1）氨水体系是利用 15% 的氨水在 70～80℃ 的温度下浸出含铅锌物料 30min，锌的浸出率达到 75% 以上，浸出液经过转化沉锌、脱水等工序得到纯度大于 90% 的氧化锌。但由于氨水极易挥发，现代氨浸工艺中已很少使用纯氨水体系浸出。

（2）碳铵体系是利用氨-碳酸铵或氨-碳酸氢铵进行浸出，滤液经过置换除杂、蒸氨工序，锌以碱式碳酸锌的形式沉淀，同时回收 NH_3 和 CO_2 返回浸出工序，所得的碱式碳酸锌经煅烧得到氧化锌。

早在 1880 年，氨-碳酸铵溶液浸出就已经应用于湿法炼锌，即著名的 Schnabel 工艺[296]，该工艺采用 NH_3 和 CO_2 制备 $(NH_4)_2CO_3$ 溶液用来浸出锌焙砂。根据 Schnabel 工艺，国内外研究人员针对不同类型的含锌物料进行了大量研究，J. Moghaddam[297-299]对伊朗 Angoran 地区高硅氧化锌矿在氨-碳酸铵溶液中的浸出行为进行了研究，利用 Taguchi 方法设计实验得到了浸出过程和除杂过程的最佳工艺参数，即在温度 45℃，搅拌速度 300r/min，碳酸铵浓度 2mol/L，pH 值

11 的条件下浸出 45min，浸出率可达 92%，同时，在温度 35℃，固液比 1.6g/L，搅拌速度 450r/min 的条件下使用锌粉置换 45min，溶液中的镉、铅、镍、钴等杂质可全部去除，最后通过控制温度和 pH 值使净化液中的锌沉淀，经煅烧得到了纳米级氧化锌粉末。

李红超[300]以钢铁厂含锌烟灰为原料，研究了在氨-碳酸氢铵体系下影响锌浸出率的主要因素为氨浓度和浸出时间，较优的工艺条件为总氨浓度 9mol/L、浸出温度 40℃、浸出液初始 pH 值 11.0～11.5、搅拌速度 400r/min、液固比（mL/g）4∶1、浸出时间 60min。在此条件下，锌的浸出率为 84%。

魏志聪[301-302]对高钙低品位氧化锌矿在氨-碳酸氢铵体系中的浸出动力学进行了系统研究，得到了氧化锌矿浸出过程遵循"未反应核缩减"模型，反应的表观活化能为 6.49kJ/mol，浸出过程由外扩散过程控制。增强搅拌强度、提高总氨浓度及反应温度均可加快该矿石中锌的浸出速率，并在一定范围内提高锌的浸出率。

张保平[303]以氨-碳酸氢铵溶液浸出低品位高炉瓦斯灰含锌物料，经净化、蒸氨及煅烧后可以制取一级标准氧化锌，得到了最佳的浸出条件：[NH_3]∶[NH_4HCO_3] 为 2∶1、液固比为（mL/g）4∶1、总氨浓度为 5mol/L、浸出时间为 180min，在此条件下锌的浸出率为 82.55%。最佳净化条件为：锌粉用量 1.5g/L、净化时间为 150min，此条件下的铅脱除率为 97.70%。最佳蒸氨条件为 363K 下蒸氨至溶液 pH 值为 6~7，此条件下蒸氨后锌的沉淀率可达 99.95%，沉淀物在 500℃下煅烧 60min，得到纯度为 96.03% 的氧化锌粉末。

该方法工艺简单、净化负荷小、成本低、锌回收率高，用来处理菱锌矿、低品位氧化铅锌矿、锌的二次物料均取得了较好的效果。但该法在蒸氨过程容易结垢堵塞影响传热，只适用于提取锌化合物，不适用制取高纯锌，产品单一。

（3）硫铵体系是含锌物料在氨-硫酸铵体系中浸出，浸出液经除杂、蒸氨、复盐沉淀的方法得到锌产品。

唐谟堂等[304]利用不同温度下锌在硫酸铵溶液中溶解度差异大的特点，提出了硫酸铵溶液浸出-复盐结晶法处理高氟、氯锌烟尘的工艺，锌浸出率可达 85.16%。宋丹娜等[305]使用硫酸铵浸出高氟、氯锌烟尘所得浸出液配置一定浓度的电积试验原料，对该体系下回收锌的电积过程进行了研究，所得电锌品位大于 99.70%，阴极锌析出率为 83.09%，电流效率 92.88%。

冯林永等[306-307]为解决氧化锌块矿直接碱性柱浸时锌的浸出率偏低的问题，从缩短浸出时间和提高锌的浸出率两个方面着手，将氧化锌矿破碎、制粒、固化，并在氨-硫酸铵溶液中浸出，锌的最大浸出率可达 91%，且受浸出剂通过脉石层的扩散控制。

刘智勇等[308-309]为解决硅锌矿在硫铵体系难以浸出的问题，对其浸出的反应机理进行了系统的研究，找出了硅锌矿在该体系中难以浸出的主要问题，通过大幅度提高液固比（mL/g）从 5 到 500，使锌的浸出率从 2.72% 提高至 84.15%。刘志宏等[310]在大幅度提高硅锌矿在硫铵体系中的液固比的基础上，对其浸出动力学进行了研究，当升高温度和总氨浓度时浸出速率可显著提高，浸出过程受孔隙扩散控制。

该工艺的优点是整个工艺简单，无废弃物产生，是闭路循环，而且原料适应性强，特别适合处理低含量氧化锌矿及锌的二次物料。

（4）氯铵体系浸出，又称 MACA 法，因为体系中的 NH_3 和 Cl^- 都对矿物中的 $Zn(II)$ 有配合作用，因此，该体系对氧化锌矿的配合溶解能力更强，又因该体系是弱碱性体系，碱性脉石和 Fe、Al、Sb、Pb 等杂质几乎不被浸出，在常温常压下用锌粉置换即可将有害杂质元素净化干净，净化液在 Zn^{2+} 浓度较低（>10g/L）时也可以直接电积得高质量阴极锌片，因此，近些年来越来越受到人们的重视，先后开发了多种工艺，其中 CENIM-LNETI、EZINEX 等工艺已应用于处理氧化锌矿、硫化锌矿或二次锌物料的工业生产中。

CENIM-LNETI 工艺[311-318]是 1988 年西班牙国家冶金技术中心（CENIM）和葡萄牙国家工程技术研究院（LNETI）共同研究的。采用浓氯化铵溶液作为浸出剂，处理含 Zn、Cu、Pb、Ag 等金属的硫化矿，工艺流程如图 4-4 所示。由于 NH_3 与 Zn、Cu、Pb、Ag 等会形成稳定的氨配合物，使得这些金属浸出率均高于 95%，又因为 pH 值在 6~7 之间，Fe、As、Sb、Sn 等杂质不被浸出，以针铁矿形式残留于浸出渣中，浸出液易净化。同时由于工艺在近中性的条件下进行，减少了 SO_4^{2-} 的生产，硫以单质硫回收。后续过程选用酸性萃取剂有效分离 Cu 和 Zn，不需要再添加额外的中和剂，氯化铵得到再生可作为浸出剂重复使用。但 CENIM-LNETI 工艺浸出温度较高，需要热压釜及制氧设备，同时经过萃取、反萃之后变成常规 $ZnSO_4-H_2SO_4-H_2O$ 体系，对操作要求更严格，流程过长。

EZINEX 工艺[319]由意大利 Engitec Impianti 公司为处理电弧炉尘开发的工艺，主要包括浸出、渣分离、净化、电解、结晶等步骤，工艺流程如图 4-5 所示。该工艺以氯化铵与碱金属氯化物组成的混合溶液为浸出剂，在 70~80℃ 温度下浸出电弧炉尘 1h，物料中的 Zn 及 Pb、Cu、Cd、Ni、Ag 以配合物离子形态进入溶液，而铁、硅则留在渣中与碳还原剂和轧屑混合后返回电弧炉，浸出液采用金属锌置换除杂，置换渣含铅大约为 70%，送铅精炼厂回收铅和其他金属，净化液分别以钛板和石墨为阴、阳极进行电解，产出含 Zn 99.0%~99.5% 的电锌，可用作热镀锌原料，电解废液则返回浸出工序回用。目前，处理电炉粉尘能力为 10000t/a 的 EZINEX 设备已在 Pittini 集团的 Osoppode Ferriere 公司投入使用。EZINEX 工艺产品质量好，金属回收率较高，生产过程中无废料的产生，但工艺流程长，工序繁多，水解母液量大，浓度小，给操作带来困难，生产效率低，同时要求原料成分

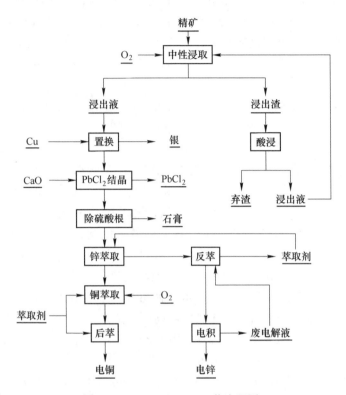

图 4-4 CENIM−LNETI 工艺流程图

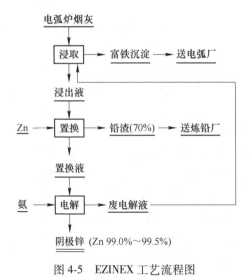

图 4-5 EZINEX 工艺流程图

稳定，金属含量高，不易控制。

杨声海[320]对 Zn(Ⅱ)-NH$_3$-NH$_4$Cl-H$_2$O 体系进行了系统的理论研究，绘制出了 ZnO 在 NH$_3$-NH$_4$Cl 溶液中的溶解度图和净化过程的 E-pH 图，揭示了体系中锌的溶解性能及高溶解度区域，发现 ZnO 在 NH$_3$-NH$_4$Cl 水溶液中的溶解度比在同浓度的 (NH$_4$)$_2$SO$_4$-NH$_3$ 或(NH$_4$)$_2$CO$_3$-NH$_3$水溶液中溶解度大，在溶液中杂质元素浓度 Me^{n+}小于 10^{-6}mol/L（Cu、Ni、Pb、Co）的情况下，用锌粉仍可以很彻底的置换它们。在此基础上，通过研究电积过程，确立了该体系阳极反应析出氮气，而非氯气，使该体系电积提锌的大规模应用成为可能。

张元福等[321]采用氯化铵-氨水处理氧化锌富矿、氧化锌贫矿、次锌氧粉和锌焙砂以考察氯铵体系对原料的适应情况，对于含锌量高的氧化锌富矿和韦氏炉产出次锌氧粉的浸出率较高，达到了 96%以上，锌焙砂和氧化锌贫矿的锌浸出率稍低，但仍可达到 90%以上，说明了氯铵体系处理含锌矿物原料有广泛的适应性。

对于较容易浸出的碳酸盐型氧化锌矿的氯铵工艺，我国学者已经开展了大量的研究，部分研究已完成了半工业实验。张保平等[322]采用氯化铵-氨水溶液作浸出剂处理含锌 30%的氧化锌矿（其中氨可溶锌 21.84%），采用胶体吸附方法去除砷、锑，利用氯化钙、氯化钡去除碳酸根和硫酸根，用此法锌的浸出率为68.81%，氨可溶锌浸出率 93.88%，锌离子浓度 45.16g/L，主要杂质元素含量降至小于 0.5g/L，所得电锌满足 HG/T 2527—94 一级行业标准。杨声海等[320,323]使用 Zn(Ⅱ)-NH$_3$-NH$_4$Cl-H$_2$O 体系用于处理锌焙砂和酸法工艺难以处理的炼铅炉渣烟化炉氧化锌烟灰，浸出液加 H$_2$O$_2$净化除 Sb 和 As，锌粉置换去除 Cu、Cd、Pb，两种物料锌浸出率分别达到了 91%和 96%，制得的高纯电锌产品杂质元素Cu、Cd、Co、Ni、Hg、Fe、As、Sb 含量均小于 0.0001%，Pb 含量小于0.0003%，Zn 含量大于 99.999%，并已完成 100t/a 的半工业实验。王瑞祥等[324-327]研究了以水锌矿为主要物相的低品位氧化锌矿在氯铵体系的浸出工艺，锌浸出率可达 88.90%以上，浸出液净化后电积，所得电锌中 Zn 含量大于99.999%，电积残液补氨后可循环利用，动力学研究表明该浸出过程遵循收缩核动力学模型，颗粒孔径间的内扩散为控制步骤，表观活化能为 7.06kJ/mol。在此基础上，又以氯化铵水溶液在室温循环浸出的方式对该体系中氧化锌矿的堆浸进行研究，通过柱浸与瓶浸两种方法的研究和比较，确定了最佳的工艺参数，为氧化锌矿氨法堆浸工艺技术的提高提供参考。Babaei-Dehkordi Amin[328] 使用该体系回收锌阴极熔窑渣，并通过沉淀法制得 68~113nm 的氧化锌粉末。张玉梅等[329]在浸出的过程中引入超声波技术，在相同的条件下，超声波辐射显著缩短了浸出时间，并对锌的浸出具有较高的选择性。曹琴园等[330]将机械活化应用于氧化锌矿的氯铵体系中，相同条件下，锌浸出率由 60.08%提高到 69.36%，为可浸出含锌物相的 103.97%。

　　然而，上述工艺处理的大多是锌含量15%以上的氧化锌矿，而对于储量巨大的锌含量为5%~15%的低品位矿，当制取电锌时，一次浸出液中的锌浓度远低于电积系统所要求的锌临界浓度，必须在浸出后对浸出液中锌浓度进行富集后方可进行电积。为解决此问题，唐谟堂等[331]在氯铵体系中提出用循环浸出的方法富集锌含量低于10%的低品位氧化锌矿浸出液中锌浓度的工艺技术方案，获得渣锌浸出率大于69%、浸出液锌浓度大于33g/L的较好结果。夏志美等[332]在此基础上，在氯铵体系中进行150kg/次或以上规模的循环浸出制取电解锌的扩大试验，先用氯铵体系处理ZnO原矿，再浮选硫化锌，渣总回收率可达到90%以上。循环浸出液经两次净化、电解后得到的电解锌纯度为99.98%，达到GB/T 470—2008一级标准，电流效率可达到97.02%。

　　近年来，对于含硅酸盐类锌矿物的氯铵体系的研究也有了一定的进展。丁治英、尹周澜等[333-335]实验验证了采用氯铵体系浸出锌硅酸盐矿物的可行性，并通过考察锌硅酸盐在不同的氨盐浸出剂中的反应速率，发现了阴离子对其提取率也同样有很大的影响，其顺序依次为 $NH_4HCO_3 < NH_4NO_3 < (NH_4)_2SO_4 < (NH_4)_2CO_3 < NH_4Cl$，证明了 NH_4Cl-NH_3 是处理锌硅酸盐矿物的有效浸出剂，并确定了最佳工艺参数，动力学研究表明该浸出过程遵循化学反应控制，表观活化能为57.60kJ/mol。

　　总体来说，氯化铵法具有浸出液杂质少，生产工艺简单，流程短、溶剂可循环利用、原料适应性强等优点。但该法电解液会累积大量的氯离子，对电积不利，电积阳极反应以氯气析出为主，不仅氨消耗较大需要及时补充，而且对设备材质防腐蚀要求也较高，同时为了保证所产电解锌的产品质量，维持溶液中较高的锌浓度，浸出时需要采用较高的游离氨，因而该工艺的成本较高。

4.3.3.3　碱浸

　　由于锌化合物是两性的，所以碱能溶解 ZnO、$ZnCO_3$、$ZnSiO_3$ 等而生成锌酸盐，硅以硅酸钠形式存在于溶液中，不形成产生硅胶的硅酸，同时浸出过程中Fe、Ca、Mg等碱性脉石不溶或微溶，因此碱浸工艺应用广泛，可从多种氧化锌矿和二次原料中提取锌。但由于在浸出时，铅锌一起溶解到溶液中，在电积过程中，Pb将优先于Zn析出，电解液中即便存在微量的Pb，也会严重影响锌粉的质量[336]，Pb和Zn的分离成为该工艺发展的瓶颈，因此近年来，国内外科研工作者在解决这一问题上，做了大量的研究，开发了若干的新工艺。

　　Frenay J[337]采用NaOH溶液为浸出剂处理比利时多种不同品位的氧化锌矿，发现氧化锌矿用碱法处理时，菱锌矿最容易浸出，而硅锌矿和异极矿最难浸出，只有在高温及高浓度的NaOH溶液中才能取得较好的效果。

　　Nagib S[338]使用不同的浸出剂处理含Zn、Pb、Fe的煤烟灰，发现尽管酸浸可以得到较高的Zn、Pb浸出率，但也会将Fe、Mg、Al等一些杂质引入到浸出液中。而选用浓度 3mol/L 的 NaOH 溶液浸取，锌的浸出率仅为 35.30%，但若在浸出之前采用 2% 或 5%HCl（质量百分比）洗涤浸出渣，铅基本上全部浸出，锌的浸出率也可达到 68%，而 Fe 和 Ca 不溶解，因此使用碱法提炼煤烟灰中的有价金属是可行的。

A. J. B. Dutra[339] 使用 NaOH 溶液处理电弧炉灰，考察了工艺条件对碱浸脱锌条件和效果的影响，得到了 74% 的锌回收率。

Gokhan Orhan 等[340] 研究了含锌烟灰的强碱浸出工艺，得到了最佳的工艺参数：温度 368K、液固比 7mL/g、NaOH 浓度 10mol/L，在此条件下浸出 120min，锌和铅的浸出率分别可达 85% 和 90%，浸出渣中的 Zn、Fe、Pb、Al、Cu、Cd 和 Cr 的含量分别为 2.20%、37.00%、0.40%、0.35%、0.27%、0.06% 和 0.26%。

赵由才等[341] 提出了采用碱溶液浸取—除杂—电解法从菱锌矿中提取金属锌粉的工艺，选用硫化钠分离碱溶液中的铅和锌，铅的去除率可达 99.50%，净化后溶液中的铅含量在 10mg 以下，碱溶液中的锌也极易通过电解液提取出来得到高纯金属锌粉，同时电解液可循环使用，碱溶液中电解金属锌的耗电量比酸法低 20%，总生产成本低 30%。张承龙等[342] 在此基础上，又使用该技术对 4 种含锌危险废料进行处理，并获得了较佳的工艺：NaOH 浓度为 6mol/L、温度为 90℃，浸出液固质量比（mL/g）为 10:1 时，锌浸出率可达 90% 以上，浸出渣中有害元素均低于浸出毒性鉴别标准值，可作为一般废渣处理。邱媛媛等[343-344] 系统的研究了杂质元素对锌电积过程的影响，并使用碳酸钠溶液洗涤去除含锌粉尘中的氯，与不除氯的碱浸—电解锌相比，全锌和金属锌可分别提高 2%~3%，产品中的氯的含量可降低 50%。刘清等[345-346] 使该技术成功在浙江富阳建成了以炼铜烟尘为原料 200t/a 的锌粉生产厂，取得了较好的生产指标，锌浸出率大于 90%，锌粉质量达到国家一级标准。

陈爱良[347-348] 采用 NaOH 浸取异极矿，考察了工艺条件对锌及伴生金属浸出率的影响，当选用粒度 65~75μm 的异极矿在 85℃，使用 5mol/L 的 NaOH 于液固比（mL/g）10:1 的条件下浸出 2h，Zn、Al、Pb 和 Cd 浸出率分别为 73%、45%、11% 和 5%，而 Fe 的浸出率低于 1%。动力学研究表明整个浸出过程是由化学反应控制的，表观活化能为 45.70kJ/mol，说明了碱浸出异极矿是可行的。Fabiano M F Santos 等[349] 也对硅锌矿的氢氧化钠浸出过程的动力学进行了研究，也证明了该过程遵循化学反应控制，反应活化能为 67.80kJ/mol。

赵中伟等人[350-351] 借鉴处理铝土矿物的拜耳法，将其用于氧化锌矿的湿法处理过程而形成"锌拜耳法"，实现了氧化锌矿的循环浸出和碱的再生，并优化工艺条件，难处理异极矿氧化锌矿中锌的浸出率为 77%。之后，赵中伟团队又利用热球磨对矿物进行机械活化预处理，矿物锌的浸出率成功提升至 95.10%。

总之，氧化锌矿采用碱法浸出，其工艺简单易操作，原料应用广泛，能耗低，废液可循环利用，生产成本较传统的酸法和火法有所减少。但若要处理含锌低品位矿时，所用 NaOH 浓度高，黏度大，过滤后渣夹带 30% 的浸出液，造成锌的浸出率高，但回收率低，且夹杂的浸出剂难以洗涤回收等问题。

4.4 铅、锶提取工艺的研究进展

4.4.1 铅提取工艺的研究进展

铅是人类从铅锌矿石中提炼出来的较早的金属之一。它是最软的重金属，易与其他金属（如锌、锡、锑、砷等）制成合金。铅用途广泛，用于电气工业、机械工业、军事工业、冶金工业、化学工业、轻工业和医药业等领域。此外，铅金属在核工业、石油工业等领域也有较多的用途。

铅是一种可积蓄性毒物，是具有强神经毒性的重金属元素，危害比较大，但又极其普遍存在，我国有许多矿物资源的冶炼过程中会产生大量的含铅废渣，特别是锌、铅具有共同的成矿物质来源和十分相似的外层电子结构以及强烈的亲硫性，能够形成相同的易溶配合物，在自然界里特别在原生矿床里共生极为密切。因此，如不能实现含铅锌渣中提取铅，不但会给环境带来巨大的污染，而且浪费了自然资源以及带来经济上的损失。

含铅废渣是重要的二次资源，从含铅废料中直接回收再生铅，不需要像原生铅那样经过采矿、选矿等工序，流程短，生产成本低。据测算，再生铅生产成本比原生矿低 38%。由于含铅废渣具有物理形态和化学成分变化大的特点，从这类原料中提铅应该根据具体的原料对象采取不同的处理方法[352]。传统的火法工艺在生产过程中会产生二氧化硫气体以及含铅烟尘和含铅挥发性化合物，"三废"污染十分严重，因而，近年来各国冶金工作者对湿法工艺回收含铅废渣中的铅进行了大量的研究，主要有转化法、氯盐介质浸出法、碱溶液浸出法等[353]。

（1）转化法是利用硫酸铅和碳酸铅溶度积的差异，采用碳酸盐将含铅废料中的硫酸铅转化成碳酸铅，然后通过溶解—沉淀—合成—干燥或者溶解—电解得到各种铅化工产品或金属铅。常用的转化剂主要有碳酸钠、碳酸铵、碳酸氢铵等，其中碳酸氢铵，不仅价格低廉，而且副产品硫酸铵可做农肥。实验表明，该方法在低温、常压下铅的回收率可达 95% 以上[354]。丁希楼等[355]分别以 Na_2CO_3、NH_4HCO_3、K_2CO_3 为脱硫转化剂，考察了废铅酸蓄电池铅膏硫酸盐转化为碳酸盐的工艺，转化效果依次为 $K_2CO_3 > Na_2CO_3 > NH_4HCO_3$，但在最佳实验条件下，三者的脱硫转化的实际转化率均可达 94% 以上。通过对脱硫前后铅膏的热重-差热分析，铅膏的分解温度由脱硫前的 924℃ 降到了 350℃，因而在废旧铅蓄电池火法熔炼时不需要像熔炼硫酸铅时的温度那么高，避免了产生二氧化硫，并大大降低了能耗，减少了对环境的污染。俞小花等[356-357]对富含硫酸铅的物料进行了碳酸化处理，发现采用碳酸氢铵和氨水作脱硫剂，相比于单独使用碳酸氢铵做脱硫剂，转化率得到了提高，同时，对碳酸盐转化的动力学过程进行了分析，转化反应的速度主要取决于传质过程的扩散速度，即扩散是转化过程的控制步骤，因此，若要使转化反应进行的彻底，必须要在反应过程中提高扩散速度，即破坏扩散层。

（2）氯盐介质浸出法是在热的 HCl 和氯盐体系中将铅废料中的铅以 $PbCl_2$ 形态浸取出来，滤液经冷析、过滤后得到氯化铅产品，然后再从氯化铅中回收金属铅。虽然 $PbCl_2$ 在氯化盐体系中的溶解度较小，但是由于 $PbCl_2$ 能与 Cl^- 配合生成 $PbCl_4^{2-}$，从而大大提高 $PbCl_2$ 在溶液中的浸出率。氯化铅固体制备铅的主要方法有：氯化铅固体直接熔盐电解；氯化铅溶解在浓氯化钠溶液中作阴极液，然后进行隔膜电解；氯化铅溶解在浓氯化钠溶液后进行水溶液电解。齐美富等[358]以废铅酸电池中的铅膏为研究对象，针对 HCl-NaCl-CaCl_2 体系浸铅工艺，采用液-固多相反应的收缩核模型研究了铅膏中铅的浸出动力学，表明此反应遵循内扩散控制，表观活化能为 13.73kJ/mol，为高效低耗浸出铅提供了理论依据。王玉等[359]采用 HCl-NaCl 混合溶液将铅膏中的铅浸出制备氯化铅，考察了冷析滤液的处理方法及循环使用效果，铅浸出率达 99.30% 以上，冷析滤液加氯化钙后循环使用 4 次，铅回收率从不循环的 85.40% 增大到 98.20%，制取的氯化铅产品纯度均大于 99.10%，达到了试剂化学纯的要求。

（3）碱溶液浸出法是利用 $PbSO_4$ 能溶于 NaOH 等强碱溶液来进行脱硫。陈维平[360]研究了以 NaOH 为脱硫剂将铅膏中的 $PbSO_4$ 转化为 PbO 或 $Pb(OH)_2$，然后利用 $NaOH-KNaC_4H_4$ 溶解 PbO，形成含 Pb（Ⅱ）电解液，通过电解得到纯铅粉末，最后将不溶滤渣 PbO_2 用复合还原转化剂 H_2SO_4 和 $FeSO_4$ 还原成 $PbSO_4$ 返脱硫工艺。结果表明采用 $NaOH-KNaC_4H_4$ 电解液可显著抑制阳极生成 PbO_2，电沉积效果较高，该工艺得到的铅粉纯度大于 99.99%，电解过程中电流效率大于 98%。刘清等[346]对于贫杂氧化锌矿和含铅锌废料，采用 NaOH 浸出—Na_2S 沉淀新工艺制备出达到行业标准的锌精矿和铅精矿，工艺流程简单，铅、锌回收率均达 80% 以上。L. C. Ferracin 等[361]研究了从铅酸电池阳极泥中回收铅的方法，实验分别采用了 HBF_4(200g/L)、甘油（92g/L）+NaOH(120g/L)、酒石酸钾钠(150g/L)+NaOH（150g/L）作浸取剂来处理阳极泥，并对浸出液进行电解。结果表明，电流密度为 250A/m² 时，可得到光滑致密的金属铅。K. A. Chouzadjian 等[362]利用 NaOH 对 Cu、Pb 熔炼炉浮渣进行浸出，得到较高 Pb 浓度的溶液，并通过添加硫脲和 $MgSO_4$，然后进行碳酸化转化生成 $PbCO_3$，通过洗涤、煅烧得到铅黄产品。

4.4.2　锶提取工艺的研究进展

锶是碱土金属中丰度最小的元素，有"金属味精"之称，在金属、非金属、橡胶、涂料等材料中，添加适量的锶及其化合物可改善其某种性能或使其具有特殊的性能，因而锶用途广泛，市场前景看好。由于锶化学性质活泼，很难以单质存在，主要以各种难溶盐形式的锶矿物存在，自然界含锶矿物达 50 多种，能用于生产锶盐化工产品的只有天青石（主要成分为 $SrSO_4$）和菱锶矿（主要成分为 $SrCO_3$）。

目前，用途最广、用量最大的锶产品是碳酸锶。工业上生产碳酸锶的主要方法有碳还原法、复分解法、酸溶碱析法、焙烧法、机械化学直接转化法等[363]。

(1) 碳还原法[364-366]是将天青石和煤按矿石中锶含量和煤中含碳量采用适当矿煤比配料，将配料送入转炉，在 1100 ~ 1200℃ 的高温条件下焙烧 60 ~ 120min，使矿石中的 $SrSO_4$ 还原成具有水溶性的 SrS，经浸取、结晶、重结晶后，将滤液用 CO_2、Na_2CO_3 或 NH_4HCO_3 沉淀为 $SrCO_3$，反应同时生成大量的副产物 H_2S 和 NH_4HS。该工艺的优点是工艺路线比较成熟，工艺过程简单，设备要求不复杂，生产出的产品质量较为稳定，成本低。但该法在生产中会产生大量的氨气、硫化氢气体，对生产场所及周边环境造成严重污染。

(2) 复分解法[367-369]是利用反应物硫酸锶和生成物碳酸锶溶度积的差异实现天青石生产粗碳酸锶沉淀，再将粗碳酸锶通过 HCl 或 HNO_3 溶解除杂后，再次使用碳酸盐沉淀、过滤、烘干得到高纯碳酸锶产品。该法与碳还原法相比优势在于可以利用中低品位的天青石矿，矿石转化率较高，反应温度低，能耗小，环境友好。但是缺点是反应过程较慢，工艺流程长，不易控制，酸耗量大，成本偏高。

(3) 酸溶碱析法[370]是在菱锶矿或由天青石制备好的粗碳酸锶中，加入过量的盐酸或硝酸溶解，待反应停止后过滤，滤液经除 Ba^{2+}、加入 NaOH 中和调节 pH 值、加热至 90℃除 Ca^{2+}、Mg^{2+}，冷却结晶析出 $Sr(OH)_2 \cdot 8H_2O$ 晶体，经多次重结晶、溶解工序制备纯 $Sr(OH)_2$ 溶液，最后用 CO_2 或 NH_4HCO_3 碳酸化制备成 $SrCO_3$。该工艺适合于低钡天青石和菱锶矿，工艺简单，易控制，整个生产过程除排放少量硅渣外，近似于闭路循环，基本无"三废"污染，产品纯度高、粒度分布窄。但由于该工艺采用强酸、强碱进行反应、除杂，能耗大，成本高，对设备腐蚀性要求也较高。

(4) 焙烧法[371]是将菱锶矿或由天青石制备好的粗碳酸锶，在1250℃焙烧分解成 SrO，然后用热水浸取，母液结晶析出 $Sr(OH)_2 \cdot 8H_2O$ 晶体，再经溶解、重结晶工艺除去杂质获得纯 $Sr(OH)_2$，最后与焙烧工艺中产生的尾气反应制备高纯 $SrCO_3$。该法不使用其他化工原料，成本低，杂质离子容易洗掉，碳酸化时，因体系中电解质浓度很低，产品粒子分散性好，工艺操作简单，无"三废"产生。缺点是结晶过程中 $SrCO_3$ 产品不稳定，不易控制，对矿物要求较高。

（5）机械化学直接转化法[372-375]是对天青石进行研磨、磁选除铁、酸洗等预处理后，以（NH_4）$_2CO_3$ 或 NH_4HCO_3 作为碳化剂，在室温和常压条件下于高能行星球磨机中反应，生成产品 $SrCO_3$ 及副产品（NH_4）$_2SO_4$。此工艺优点是可处理较低品位的天青石，不需要高温加热设备，反应时间短，成本低，污染小，但产品纯度稍低，工艺还需进一步优化。

4.5　实验原料

硫酸铵焙烧氧化锌矿提取锌是新开发的一种方法。该方法处理矿石量大，锌的提取转化率高，工艺流程简单，为闭路循环，对设备要求不高，因而易于产业化。焙烧过程产生的尾气 NH_3 采用稀硫酸吸收成硫酸铵溶液，经蒸发结晶返回焙烧工序，原料中的硫酸铵在工艺流程中可以再生，并在系统内循环使用，大大降低了生产成本，且不对环境造成二次污染，是环保的绿色工艺流程。

本章以云南某地中低品位氧化锌矿为原料，选用工业级硫酸铵为配料，采用低温焙烧使锌转化为可溶的硫酸锌，考察了焙烧温度、物料配比、焙烧时间对锌提取率的影响，确定了反应的最佳工艺参数，为硫酸铵焙烧低品位氧化锌矿工艺的实际应用提供实验和理论依据。

4.5.1　氧化锌矿的化学成分

采用日本理学公司 ZSX100e X 射线荧光光谱仪对氧化锌矿的化学成分进行分析，结果如表 4-5 所示，可以看出该氧化锌矿中锌的含量较高，二氧化硅的含量达到 21.70%，同时硅、铁、铅、锶含量均较高，是高硅高铁型氧化锌矿，极具综合利用价值。

表 4-5　氧化锌矿样化学成分分析　　　　　　　（质量分数/%）

成分	ZnO	SiO_2	Fe_2O_3	SO_3	Al_2O_3	PbO	CaO	SrO	BaO	其他
含量	30.6	21.70	20.10	5.77	4.70	4.67	4.26	4.17	1.43	2.60

4.5.2　物相组成

采用 PW3040/60 型 X 射线衍射仪对氧化锌矿的物相进行分析，测定条件为：使用 Cu 靶 Kα 辐射，波长 $\lambda = 1.544426 \times 10^{-10}$ m；工作电压 40kV；2θ 衍射角扫描范围 10°~90°；扫描速度 0.033(°)/s。氧化锌矿的 X 射线衍射分析见图 4-6。由图 4-6 可见，氧化锌矿中锌主要以菱锌矿（$ZnCO_3$）的形式存在，硅以石英

（α-SiO₂）的形式存在，铁以赤铁矿（Fe₂O₃）的形式存在，铅、锶则分别以 PbCO₃、SrCO₃ 的形式存在，但由于 SrCO₃ 的含量过少，未在 XRD 中检测出。

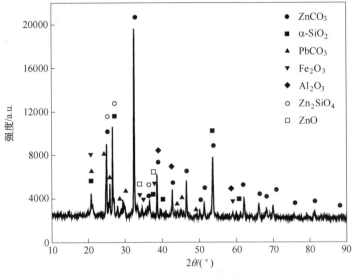

图 4-6 氧化锌矿 XRD 图

4.5.3 微观形貌

采用 SSX-550 型扫描电子显微镜对氧化锌矿的微观形貌进行分析，测定条件为：工作电压 15kV；加速电流 15mA；工作距离 17mm。图 4-7 为氧化锌矿经破碎研磨后的 SEM 图，可以看出氧化锌矿矿石表面粗糙，结构疏松，形状不规则。

(a)   (b)

图 4-7 氧化锌矿 SEM 照片

（a）×500；（b）×1000

4.5.4 差热-热重分析

采用 SDT Q600 V20.9 Build 20 型热分析仪对氧化锌矿进行差热-热重分析，测定条件：参样 α-Al_2O_3（分析纯）；升温速度 10.00K/min；室温至 1173K；测定范围 0.1μg~200mg。图 4-8 为氧化锌矿热分解过程的差热-热重曲线，从 TG 曲线可以看出，氧化锌矿在加热过程中于 593~723K 温度范围内有明显的失重。从 DTA 曲线可以看出，383K 处有一个微弱吸热峰，523K 处有一个明显的吸热峰，在 673K 处有一个强吸热峰。可以推测在 363~393K 温度范围内氧化锌矿失去所含吸附水，484~543K 温度范围内氧化锌矿失去所含结晶水，593~723K 温度范围内氧化锌矿的碳酸盐如 $ZnCO_3$、$PbCO_3$、$SrCO_3$ 等受热分解，放出 CO_2。

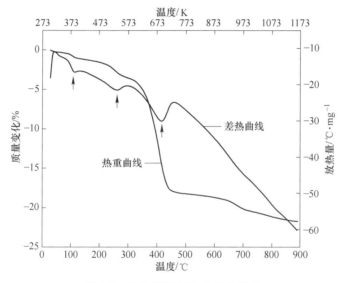

图 4-8　氧化锌矿差热-热重曲线图

4.6　实验药品及仪器

4.6.1　实验药品

氧化锌矿来源于云南某地，样品经破碎、研磨至一定粒度用于焙烧实验，硫酸铵为工业级，纯度 ≥99.20%，水为去离子水，分析用药品均为分析纯。

4.6.2　实验仪器

焙烧设备采用自制电阻丝加热炉，内置不锈钢反应器，装有橡胶密封塞和回流冷凝管，K 型热电偶测温，通过 SWK-1600 型智能温度控制仪调节温度，控温精度 ±2K。由于反应中会产生 NH_3、SO_2 等气体污染环境，尾气采用稀硫酸-氢氧化钠两级气体回收装置。熟料溶出设备采用上海精宏实验设备有限公司 DK-S24 型电热恒温水浴锅及沈阳工业大学 W-02 型搅拌器。过滤设备采用巩义市予华仪器有限公司 SHE-D(Ⅲ) 型循环水式真空泵。采用 PW3040/60 型 X 射线衍射仪分析熟料及提锌渣的物相，测定条件为：使用 Cu 靶 Kα 辐射，波长 $\lambda = 1.544426 \times 10^{-10}$ m；工作电压 40kV；2θ 衍射角扫描范围 10°~90°；扫描速度 0.033(°)/s。采用 SSX-550 型扫描电子显微镜观察焙烧熟料及提锌渣微观形貌。

4.7 实验步骤

4.7.1 焙烧

采用硫酸铵焙烧法由低品位氧化锌矿提取锌，首先将破碎球磨后的氧化锌矿和硫酸铵按一定比例混合均匀装入刚玉坩埚中，在空气气氛下于电阻丝加热炉中升温至设定温度，焙烧一定的时间后立即取出。

4.7.2 溶出

按一定液固比在烧杯中加入适量水，置于恒温水浴锅中加热，待达到一定温度后，在搅拌条件下加入焙烧熟料（铵锌摩尔比 1.4，焙烧温度 698K，焙烧时间 90min），并在烧杯上加盖保鲜膜以减少水分蒸发，经过一定的时间后，过滤，滤液冷却待检测，滤渣进行二次洗涤，将两次滤液分别测量其中锌的含量，相加即得锌的提取率。将二次洗涤后的滤渣烘干，主要成分为 SiO_2 及 Pb、Sr、Fe，收集备用，可作为提取 SiO_2、Pb、Sr 等的原料。

4.7.3 分析检测方法

溶出液中锌含量检测方法采用 EDTA 滴定法。传统的 EDTA 配合滴定法测定锌含量准确度高，然而由于在硫酸锌溶液中经常会有 Fe^{2+}，而 EDTA 与 Zn^{2+} 和 Fe^{2+} 配合物的稳定常数分别为 16.49 和 14.32，非常接近，同时 EDTA 滴定 Zn^{2+} 和 Fe^{2+} 的最低 pH 值分别为 4.0 和 4.5，二甲酚橙适合 pH 值小于 6 的酸性溶液的配合滴定，颜色由酒红色变成亮黄色。因此，用 EDTA 在弱酸性溶液中以二甲酚橙为指示剂可以同时滴定 Zn^{2+} 和 Fe^{2+}，会造成 Zn^{2+} 含量偏高。

因此，为了避免 Fe^{2+} 对检测结果的干扰，本实验采用 3% 的 H_2O_2 将滤液中的 Fe^{2+} 氧化成 Fe^{3+}，通过加热除去过量的 H_2O_2，滴加 28% 的 H_2SO_4 溶液消除加热过程中产生的沉淀，使用 KF 溶液掩蔽 Fe^{3+}，以二甲酚橙为指示剂，在 pH 值5~7

的乙酸-乙酸钠缓冲溶液中，用 EDTA 标准滴定溶液进行滴定。

4.8 实验结果与讨论

4.8.1 物料配比对锌提取率的影响

在焙烧温度 673K、焙烧时间 120min 的条件下，考察硫酸铵与氧化锌矿中锌的不同摩尔比对锌提取率的影响，结果如图 4-9 所示。

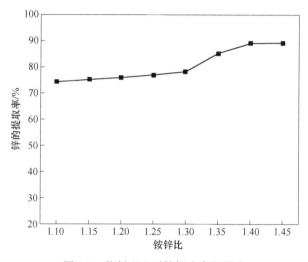

图 4-9 物料配比对锌提取率的影响

由图 4-9 可知，锌的提取率随着铵锌摩尔比的增加而逐渐增大。这是因为氧化锌矿中还含有 Fe_2O_3、$PbCO_3$ 和 Al_2O_3 等少量氧化物，它们也会消耗一定量的硫酸铵，同时过量的硫酸铵可以使反应分子充分接触，也可以使反应进行的更加完全，但当铵锌摩尔比大于 1.4 时，锌的提取率增加不明显，因此，选择铵锌摩尔比 1.4 为最佳配比。

4.8.2 焙烧温度对锌提取率的影响

在铵锌摩尔比 1.4，焙烧时间 120min 的条件下，考察不同焙烧温度对锌提取率的影响，结果如图 4-10 所示。

由热力学计算可知，氧化锌矿中的 $ZnCO_3$ 与硫酸铵发生化学反应的趋势很大，在 471K 时即可反应。但是从动力学角度考虑，在保证反应进行的前提下，高温可使反应分子运动速率加快，也可促进多相反应的动力学进行，且根据氧化锌矿热分解过程的差热-热重曲线图，在 593~723K 温度范围内氧化锌矿的碳酸盐将开始受热分解，故实验选择在573~823K范围内进行。由图4-10可知，温度对提锌率的影响显著。随着温度的升高，锌的提取率逐渐增大并在698K达到最大值92%。但是当温度过高时，硫酸铵分解损失过多，生成的硫酸锌也将发生分解，同时含氧硫酸锌部分将取代硫酸锌而与赤铁矿生成铁酸锌，从而降低可溶锌率。综上分析，选择焙烧温度为698K为最佳焙烧温度。

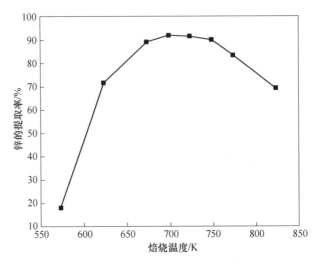

图4-10 焙烧温度对锌提取率的影响

图4-11是硫酸铵与氧化锌矿在不同温度下焙烧120min所得焙烧熟料的X射线衍射图，与图4-6氧化锌焙烧前的XRD图对比可知，当温度为573K时，混合物中仍存在大量未反应的$ZnCO_3$和$(NH_4)_2SO_4$及其分解过程的中间产物$(NH_4)_2S_2O_7$，同时在硫酸铵的作用下，出现了$NH_4Zn(SO_4)_2$和$Zn_4SO_4(OH)_6$的特征峰，尚未变成硫酸锌，这表明了在573K时反应体系并未完全反应。当温度升高到623K时，含锌矿物主要以七水硫酸锌的形式存在，但仍可发现少量的$ZnCO_3$、$(NH_4)_2SO_4$、$(NH_4)_2S_2O_7$、$NH_4Zn(SO_4)_2$的特征峰，说明此温度下这些含锌矿物已经向硫酸锌的形式转化，但转化得并不彻底。随着温度升高到673K时，$ZnCO_3$、$(NH_4)_2SO_4$及$(NH_4)_2S_2O_7$的特征峰完全消失，含锌矿物中只含有七水硫酸锌的特征峰，$NH_4Zn(SO_4)_2$和$Zn_4SO_4(OH)_6$全部转化为七水硫酸锌。温度继续升高到723K时，混合物中锌矿物全部为硫酸锌的特征峰，七水硫酸锌全部转化为硫酸锌，这与实验结果相符合，说明体系完全反应。

4.8.3 焙烧时间对锌提取率的影响

在铵锌摩尔比1.4，焙烧温度698K的条件下，考察不同焙烧时间对锌提取率的影响，结果如图4-12所示。

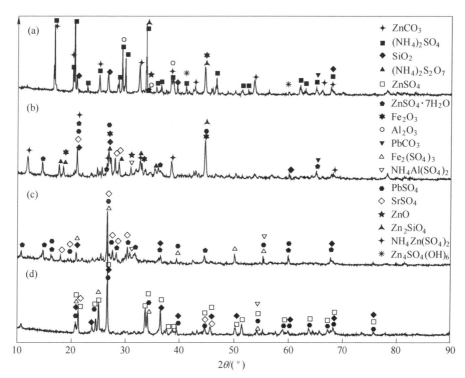

图 4-11　不同焙烧温度下焙烧产物的 XRD 图

（a）573K；（b）623K；（c）673K；（d）723K

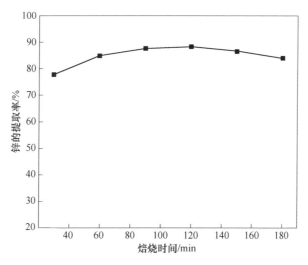

图 4-12　焙烧时间对锌提取率的影响

由图 4-12 可知，随着焙烧时间增加，锌的提取率增大，当焙烧时间为

120min 时锌的提取率达到最高，其后随着焙烧时间增加，锌的提取率稍有降低。这是因为适当延长焙烧时间，有利于焙烧反应进行，使反应进行得更加彻底，锌的转化反应进行得充分，提高了锌的提取率，但是焙烧时间过长，含氧硫酸锌部分将取代硫酸锌，而含氧硫酸锌容易和赤铁矿生成铁酸锌，从而降低可溶锌率。综合考虑，选择 120min 为最佳焙烧时间。

4.8.4　正交实验结果与分析

在焙烧过程单因素实验的基础上，采用正交表 $L_9(3^3)$ 设计实验，各因素和水平列于表 4-6。

表 4-6　正交实验因素水平表

水　平	A 焙烧温度/K	B 铵锌比	C 焙烧时间/min
1	658	1.3	90
2	698	1.35	120
3	738	1.4	150

以锌的提取率为评价指标进行正交实验，实验结果如表 4-7 所示，由极差 R 的大小可知：在各因素选定的范围内，影响氧化锌矿中锌的提取率各因素主次关系为：B>A>C，即铵锌摩尔比的影响最为显著，其次是焙烧温度、焙烧时间。采取极差法对正交实验结果进行统计分析，极差趋势见图 4-13，可知硫酸铵焙烧氧化锌矿的最佳工艺条件为：铵锌摩尔比为 1.4、焙烧温度 698K、焙烧时间 150min。按照最佳条件进行验证实验，锌的提取率稳定在 94.80% 左右。

表 4-7　正交实验结果与分析

项　目	A 焙烧温度/K	B 铵锌比	C 焙烧时间/min	锌的 提取率/%
1	658	1.3	90	73.80
2	658	1.35	120	84.50
3	658	1.4	150	87.60
4	698	1.3	120	78.50
5	698	1.35	150	90.40
6	698	1.4	90	93.00
7	738	1.3	150	79.10
8	738	1.35	90	85.70

项 目	A 焙烧温度/K	B 铵锌比	C 焙烧时间/min	锌的 提取率/%
9	738	1.4	120	90.10
K_1	82.00	77.10	84.20	
K_2	87.30	86.90	84.40	
K_3	85.00	90.20	85.70	
R	5.27	13.10	1.60	

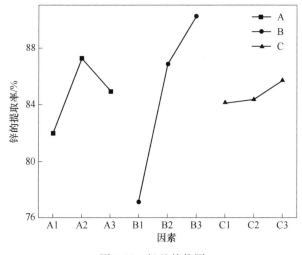

图 4-13　极差趋势图

4.8.5　提锌渣的分析

在最佳焙烧工艺条件下得到的熟料经溶出、过滤、洗涤后得到提锌渣，取样进行化学成分分析，结果见表 4-8，可以看出，渣中锌含量较低，与溶液定量分析结果一致，大部分已被浸出，而 Si、Fe、Pb、Sr 等元素均得到了富集。图 4-14 和图 4-15 分别为提锌渣的 XRD 图和 SEM 图。可见，提锌渣表面多孔，疏松，渣中的主要物相为 SiO_2、Fe_2O_3、$PbSO_4$、$SrSO_4$ 等，剩余渣可进一步作为提硅、铁、铅、锶等资源。

表 4-8　提锌渣的主要化学成分分析

成分	Fe_2O_3	SiO_2	SrO	PbO	Al_2O_3	BaO	CaO	ZnO
含量/%	30.91	30.07	8.34	8.00	5.27	2.71	1.53	1.42

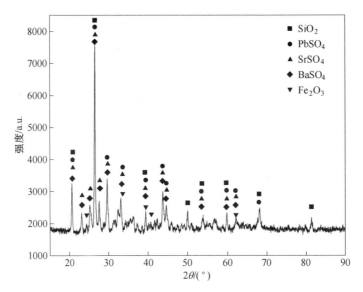

图 4-14 提锌渣的 XRD 图

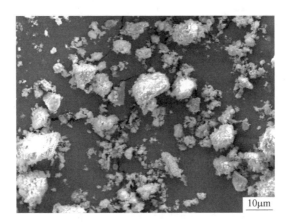

图 4-15 提锌渣的 SEM 图

5　钛资源利用

5.1　二氧化钛的国内外研究现状

二氧化钛俗称钛白,是当今一种重要的无机化工原料,具有高折光指数、高化学稳定性、耐候性和优良的颜料性能,而且没有毒性,对人体没有刺激作用,因此被广泛应用。1916 年,挪威的菲特烈斯特首次建成年产千吨含二氧化钛25%的复合颜料工厂,自此,钛白工业获得了迅速的发展[376]。同时,法国的罗西和美国的巴登共同完成了硫酸法从钛铁矿制备二氧化钛的工艺路线研究[377]。经过多次改进和完善,硫酸法钛白工艺得到了突飞猛进的发展,直到 20 世纪 50 年代,人们可以大批量生产钛白产品,此方法沿用至今。

二氧化钛有板钛型、锐钛型和金红石型三种晶体结构,板钛型不稳定,在工业上没有应用价值,基本上使用的是锐钛型和金红石型。最开始生产钛白粉的原料几乎都是锐钛型,金红石型二氧化钛被认为只能源自天然,无法生产制造。直到 20 世纪 40 年代,在捷克首次使用晶种法水解钛的硫酸盐溶液和加热四氯化钛溶液制备出了金红石型钛白[378],人们才广泛进行金红石型钛白的研究。1959年,美国杜邦公司历时近 20 年开发了氯化法生产钛白,并实现了工业化,这是钛白工业新的里程碑[379]。经表面处理的金红石型钛白,因其性能卓越,促使钛白工业以年递增率8%的速度迅猛发展,牢固地统治着白色颜料王国,发展成为主要化工产品,杜邦公司成为世界第一大钛白生产商[380]。

当今工业生产钛白的方法主要有硫酸法和氯化法。硫酸法工艺操作简单,投资成本低,但是存在着废酸难处理的问题。氯化法和硫酸法相比较,具有产品质量高,工艺流程短,操作连续化、自动化,氯气可循环使用,三废少等优点。正是这些优点促使氯化法飞速发展,1985 年氯化法仅占钛白产量的 35%,到了1994 年就超过了硫酸法,占钛白产量的 54%[381]。

20 世纪 90 年代是钛白生产高度集中的年代,据统计,1993 年世界四大钛白生产厂商生产能力占总生产能力的 56%,十大生产厂商占 82.5%,见表 5-1[382]。20 世纪 90 年代各大公司之间竞争激烈,在钛白产品的优胜劣汰中,钛白工业有了突飞猛进的发展。

表 5-1 世界十大钛白生产商排行榜（1993 年）

位次	生产厂商名称	总部所在国	生产能力比重/%
1	杜邦公司	美国	21
2	Tioxide 集团公司	英国	14
3	SCM 化工公司	美国	11
4	克朗若斯公司	美国	10
5	凯米拉公司	芬兰	7
6	石原产业公司	日本	6
7	拜耳公司	德国	4
8	克尔-麦吉化工公司	美国	4
9	塞恩-米芦兹公司	法国	3
10	萨其宾化学公司	德国	2.5
合　计			82.5

我国具有丰富的钛资源，具有广泛的发展前景。我国钛白粉工业起步较晚，1955 年一些研究机构才开始进行硫酸法的系统研究。1956 年在上海、广州和天津等地开始试用硫酸法生产钛白粉，但只能用于生产搪瓷和电焊条，产量低，质量也差[383]。当时上海焦化有限公司钛白粉分公司（原上海钛白粉公司）是国内最早生产钛白粉的化工企业，1958 年制成涂料用 A 型钛白粉[384]。随后就逐步建立了一些钛白粉厂，设备趋于正规化和大型化，钛白产量增大的同时，质量也在不断提高。

20 世纪 80 年代后期，是世界钛白粉市场的黄金时代，国内兴起了办钛白粉厂热潮。到 90 年代初，全国有钛白粉厂 100 多家，年生产能力猛增至 10 万吨以上[385]。我国从国外引进了 3 套 1.5 万吨/年硫酸法钛白装置和 1 套 1.5 万吨/年氯化法钛白装置，并相继投产[386]。这几套装置技术比较先进，具有大型化和现代化的雏形，初步改变了我国钛白工业仅有硫酸法工艺、仅能生产低档锐钛型钛白、尽是小规模生产的落后面貌，标志着中国钛白粉工业迈开了崭新的一步。1996 年全国钛白粉生产厂家已达 50 家左右，实际生产量已经超过 12.3 万吨/年，全国钛白生产能力已经超过 20 万吨/年[387]。进入 21 世纪，中国大陆已有 20 余家产量超过万吨级的工厂[388]。我国钛白企业行业规模扩大，产业集中度有所提高，在扩大生产规模，提高产品质量和技术水平的同时，也开始考虑环境保护和废料处理的问题。

5.2 二氧化钛的性质

5.2.1 二氧化钛的结晶特征

二氧化钛是一种多晶型化合物，主要有三种晶型：板钛型、锐钛型和金红石型，表 5-2 是二氧化钛的晶格常数[389]。

表 5-2 二氧化钛的晶格常数

项 目	晶 型		
	板钛型	锐钛型	金红石型
晶系	斜方	正方	正方
晶形	板形	锥形	针形
晶格常数/nm	$a = 0.9166$	$a = 0.3758$	$a = 0.4584$
	$b = 0.543$	$c = 0.9514$	$c = 0.2953$
	$c = 0.5135$	$2\theta = 25.5°$（衍射角）	$2\theta = 27.5°$（衍射角）

图 5-1 是二氧化钛的三种结晶形态图。板钛型晶型不稳定，加热可直接转化为金红石型，在工业上应用较少。锐钛型在常温下是稳定的，但在高温条件下可以转化为金红石型。金红石型结构致密，是二氧化钛最稳定的结晶形态。图 5-2 为锐钛矿的晶体结构图，可以看出锐钛型有 4 个共棱边，单一晶格中有 4 个二氧化钛分子。图 5-3 为金红石型的晶体结构图，可以看出金红石型有 2 个共棱边，单一晶格中有 2 个二氧化钛分子。在二氧化钛的三种晶型中，每一个钛原子都是被 6 个氧原子包围，以固定距离作规则的格子状排列。板钛型属于斜方晶系，金红石型和锐钛型属于正方晶系。

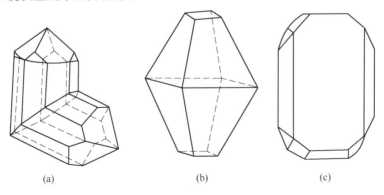

(a)　　　　　　　　(b)　　　　　　　　(c)

图 5-1　二氧化钛结晶形态

（a）金红石型；（b）锐钛矿；（c）板钛矿

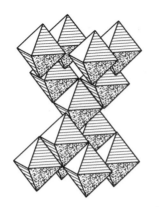

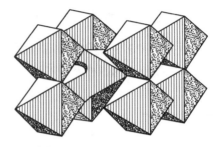

图 5-2　锐钛矿的晶体结构图　　　　　图 5-3　金红石的晶体结构图

5.2.2　二氧化钛的化学性质

二氧化钛的晶体结构表现为一个钛原子被六个氧原子包围，钛原子与氧原子之间又有很强的结合力。二氧化钛的分子量为 79.87，在常温下几乎不与其他化合物作用，呈化学惰性，是一种化学性质十分稳定的两性物质[390]。

二氧化钛在高温和长时间煮沸条件下才能与氢氟酸和浓硫酸发生化学反应。二氧化钛与浓硫酸反应的化学反应方程式如下：

$$H_2SO_4 + TiO_2 \Longrightarrow TiOSO_4 + H_2O \tag{5-1}$$

$$2H_2SO_4 + TiO_2 \Longrightarrow Ti(SO_4)_2 + 2H_2O \tag{5-2}$$

二氧化钛可与氢氧化钠的熔融物反应；也可与碱金属的碳酸盐一起熔融；还能溶于碳酸氢钾的饱和溶液，这些都可以作为制取钛酸盐的手段。二氧化钛必须与还原剂混合，才能与氯气反应。二氧化钛在高温下可被氢、钠、镁等还原剂还原成低价钛的化合物。二氧化钛在有机介质中，在光和空气的作用下，可循环的被还原和氧化而导致介质被氧化，我们把这种性质叫做光化学活性。这一特性使二氧化钛成为某些反应的有效催化剂。二氧化钛还可以与其他物质反应，如硫化碳、氨气、酸式硫酸盐等。

5.2.3　二氧化钛的光学性质

二氧化钛具有优良的光学性质，主要表现为：二氧化钛具有极高的不透明性，这是由于在二氧化钛粉末表面会发生光的散射。但已经凝聚的细粒二氧化钛，因有效粒度变粗而使其不透明性降低；由于二氧化钛与涂料介质之间的折射率相差很大，所以二氧化钛有很强的遮盖力和着色力；二氧化钛有很高的反射率，但如果粒子粗糙，也不能起到镜面作用，会降低光泽度，并会带来其他底色，着色后色调发暗；在整个可见光谱内，二氧化钛晶体发生强烈的等幅散射，使人的视觉得到白色的感觉，这是由于二氧化钛的结构稳定，可见光的激发作用并不能使电子获得足够的能量进行引人注目的跃迁，具有很低的吸收作用和很高的散射能力；二氧化钛对可见光中所有波长的光波都有同等程度的反射，因而呈现白色。但是，钛白的白色并非十全十美，因为它会吸收处于光谱远蓝端的短波光，使产品带有淡黄色调，金红石型比锐钛型的吸收更为强烈，因此金红石型显出的淡黄色调也更强烈，而这个缺点，可被其较高的反射率和遮盖力所抵消。

5.3　二氧化钛的用途

二氧化钛，属四方晶系，它的优异属性表现为：相对密度较小，折射率大，熔点高，介电常数大，化学稳定性强，无毒，具有优良的光学、电学和颜料性能，在工业、农业、国防等方面得到了越来越广泛的应用[391]。

各工业部门（如化工、轻化、轻工、冶金、电器、建材等）对二氧化钛的要求不尽相同，因此二氧化钛的制造工艺也因质而异。国内外二氧化钛的品种、牌号十分繁多，若品种使用不当，就可能得不到预期的效果。近年来，二氧化钛在生产和生活中的广泛应用，引起了研究者的关注。

（1）涂料。在白色颜料中，钛白的性能最佳。二氧化钛最优异的属性是折射率高，使它的粉末体具有卓越的颜料性能。世界二氧化钛产量中，有60%用于制造涂料，其中金红石型约占总量的70%[392]。用钛白制造的涂料，色彩鲜艳、用量省、品种多、漆膜寿命长、使用广泛。

钛白的表面性能及分散性的好坏，钛白的粒度，钛白的水溶盐组分以及钛白的晶型是否有表面处理，对生产出来的涂料的使用性能都有很大的影响。钛白的细度越细，分散性就越好，涂料的光泽度就越高[393]。

尽管钛白价格比传统白色颜料高几倍，但它的颜料性能也比后者好几倍。几十年来经济和质量因素的演变使钛白取代了传统的白颜料。据预测在今后的五十年或更长的时间内，还找不到具有工业价值的新型白色颜料来取代它。国外涂料工业中钛白用量平均为涂料产量的8.6%，美国为8.9%，联邦德国为9.6%，而我国的平均值仅为3.5%[394]。今后，随着现代化建设的发展，人民生活水平逐年提高，家用工业品的拥有量与日俱增，对白色、浅色涂料需求量愈来愈多，钛白用量将会大量增长。

（2）塑料。塑料的性质主要取决于合成树脂，而钛白可以改进塑料的性能。由于钛白的不透明性大，白度高，化学稳定性好，与合成树脂、催化剂、增塑剂等接触不发生反应，是制造白色或彩色塑料中最优良的不透明剂、着色剂和填充剂之一[395]。加有钛白的塑料不仅可以提高强度，延长使用寿命，而且用量省、色彩鲜艳、无毒。不同塑料对二氧化钛的要求不一样，用于绝缘性塑料的钛白，要求所含的水溶性盐要低；用于塑料薄膜的钛白，可采用不经后处理的锐钛型，要求含水分低；用于聚苯乙烯、聚烯烃塑料的钛白，应经过有机表面处理。

世界上塑料用钛白占钛白消费量的 15.5%，仅次于涂料工业。全世界每年消费于塑料工业的钛白约 35 万吨。塑料是我国钛白的一个潜在用户，以世界平均耗量计，每吨塑料制品耗用钛白约 5kg。1982 年，我国塑料产量达 100 万吨，消耗 5000t 钛白[396]。随着我国塑料产量的大幅度增长，塑料用钛白一定会有较大的增长。

（3）造纸。二氧化钛是生产纸张的高级填料，钛白加填的纸张其不透明度比其他填料高十倍。此外，用钛白加填的纸张白度高、光泽好、强度大、薄而光滑、性能稳定、降低印刷穿透能力。造纸用钛白必须有良好的水分散性、颗粒细而均匀、铁含量低、化学性能稳定，这样才能使造纸工艺过程稳定。在美国，它占钛白消费量的 20%，我国造纸工业水平低，只是在高级纸张中才少量应用，在当前钛白消费结构中仅占 1% 左右[397]。

（4）化学纤维。二氧化钛在纤维中是一种优良的消光剂，常用来进行内消光和外消光。在纺丝原液中加入少量的钛白，就能得到很好的永久性消光和增白效果，而不影响纤维的强度和物理性能，还可提高韧性[398]。用钛白消光的化纤产品，易染色、手感好、耐穿用。因此，它是化纤工业不可缺少的原料。

不同的化学纤维对钛白的要求不同。用白度好、着色力强的钛白，制得的化学纤维白度和色度均好。经过表面改性的钛白用于某些化学纤维中，还可以改善其耐光性和耐候性，扩大应用范围。化学纤维工业为确保质量，对钛白的水分、纯度、细度、三氧化二铁含量、灼热碱量、水分散性等均有相应的要求[399]。

（5）橡胶。橡胶用钛白的质量要求在硫化加热（110~170℃）时不泛黄，对硫黄和其他配合剂的稳定性良好，不与这些配合剂反应而变色。钛白在橡胶工业中，除作为着色剂外，还有补强、防老、填充作用。用钛白制得的白色和彩色橡胶制品在日光照射下，耐曝晒、不龟裂、不变色、老化慢、强度高、伸展率大，并具有耐酸和耐碱的性能。钛白的着色力均高于其他白色颜料，在生胶中的分散性能好。在橡胶中加入少量钛白，除增加着色效果外，还可提高橡胶的耐热性和稳定性[400]。为此，橡胶工业是钛白的一个颇为重要的消费部门。

（6）油墨。钛白是高级油墨中不可缺少的白色颜料。在油墨生产过程中，颜料对油墨的质量起着至关重要的作用。油墨用钛白应外观纯白、耐久不泛黄、表面润湿性好、耐酸碱、耐光、耐热、易于分散。用于照相凹凸板的油墨应使用锐钛型钛白，而印金属的油墨则应使用金红石型钛白，并要求不含氧化锌，吸油量低、耐热、耐蒸汽、耐弯曲、耐候性好[401]。

（7）搪瓷。二氧化钛由于有很大的折射率，它对入射光线发生折射、反射或由绕射面发生偏射和散射的能力最强，因此是最好的白色乳浊剂，所得的瓷釉乳浊度最强。不仅如此，二氧化钛在制造瓷釉时能与其他材料均匀混合、不结块、熔制作业容易，在釉料中都能熔融，在冷却结晶时能结成适当的晶粒，从而使瓷釉获得很高的不透明度[402]。由于不透明度高，因此所得制品重量轻、机械强度高、表面光滑、耐酸性强、色泽鲜艳，不易沾污。

搪瓷用二氧化钛要求纯度高，含杂质少，对于能使钛瓷釉产生黄荫的铁和铬，影响折射率的铌，以及铜、锰、硫、钨等要严加控制；同时，对光线的蓝调、红调、绿调折射率要高；不同的搪瓷品种对二氧化钛的晶型也有不同要求，若采用混晶型的二氧化钛可节省二氧化钛用量的15%左右。二氧化钛的颗粒大小也要均匀，在熔制时易于与其他材料混合，从而使熔制温度和时间容易控制[403]。

（8）电焊条。二氧化钛是很好的造渣剂，焊接时形成熔渣覆盖在熔池上，不仅能使熔化金属与周围气体隔绝，而且能使焊缝金属的结晶处于缓慢冷却的保护之中，从而改善了焊缝结晶的形成条件[404]。二氧化钛是很好的稳定剂，所得熔渣的熔点低、黏度小、流动性好、操作稳定、工艺性能好。二氧化钛的脱氮能力也很高，钛与氮能形成稳定的氮化钛，迅速进入渣中，从而排除了氮对焊缝的有害影响，改善了焊缝金属的机械性能[405]。二氧化钛还有较强的附着力，在焊条制造时可减少水玻璃的用量，是很好的黏塑剂。

（9）冶金。二氧化钛在冶金工业上用于制造高温合金钢、非铁合金、硬质合金、矽钢片和金属钛等产品。含钛合金钢耐高温、质量轻、机械性能和抗腐蚀性好。常用于制造飞机、人造卫星、导弹及化工设备。二氧化钛与碳、氮、硼等生成的一系列化合物硬度极大，其中以碳化钛的硬度最高，是硬质合金中的重要品种。与涂料用钛白不同，对冶金工业上所用二氧化钛的化学成分要求较高，例如要有较高的纯度，而对其物理性能要求相对较低[406]。

（10）二氧化钛的其他功能及应用。近些年来，纳米二氧化钛的研究与应用已经成为焦点。纳米二氧化钛还具有很高的化学稳定性、热稳定性、无毒性、超亲水性、非迁移性，且完全可以与食品接触，所以被广泛应用于抗紫外材料、纺织、光催化触媒、自洁玻璃、防晒箱、食品包装材料等[407]。钛白的不同用途有不同牌号，即使是同一种用途也有几种牌号，表5-3是我国颜料级钛白牌号及技术规格（GB 1706—88）[408]。

表5-3 我国颜料级钛白牌号及技术规格（GB 1706—88）

项　目	牌　号					
	BA01-01		BA01-02		BA01-03	
	一级品	合格品	一级品	合格品	一级品	合格品
TiO₂ 含量/%	≥98	≥97	≥94	≥92	≥92	≥90

项　　目	牌　　号					
	BA01-01		BA01-02		BA01-03	
	一级品	合格品	一级品	合格品	一级品	合格品
颜色（与标样比）	不小于	近似	不小于	近似	不小于	近似
消色力（与标样比）/%	≥100	≥90	≥100	≥90	≥100	≥90
105℃挥发分（验收时）/%	≤0.5	≤0.5	≤0.5	≤0.8	≤1.0	≤1.0
105℃挥发分（预处理24h后）/%	≤0.5	≤0.5	≤0.5	≤0.8	≤1.5	≤1.5
水可溶物/%	≤0.4	≤0.6	≤0.2	≤0.5	≤0.5	≤0.6
水悬浮液 pH 值	6.0~8.0	6.0~8.5	6.0~8.5	6.0~8.0	6.5~8.0	6.0~8.0
吸油量/g	≤26	≤30	≤26	≤30	≤26	≤30
45μm 筛余物/%	≤0.1	≤0.3	≤0.1	≤0.3	≤0.1	≤0.3
水萃取液电阻率/m·Ω	≥1.6×10	≥1.6×10	≥0.5×10^2	≥0.5×10^2	≥0.5×10^2	≥0.5×10^2

　　纳米二氧化钛具有很强的散射和吸收紫外线的能力，特别是对人体有害的中长波紫外线 UVA、UVB 的吸收能力很强，效果比有机紫外吸收剂强得多，并且可透过可见光、无毒无味、无刺激性而广泛用于化妆品[409-411]。对于化妆品中二氧化钛含量而言，粒径越小，可见光透过率越大，可使皮肤白度显得自然。但添加的颗粒粒径不是越小越好，粒径过小会将毛孔堵住，不利于身体健康；而粒径太大，则紫外吸收又会偏离这一波段[412-414]。纳米二氧化钛的光催化功能在医学领域也得到了充分的应用。利用二氧化钛光催化作用治疗肿瘤，这种方法将来在医学临床上可用于治疗消化系统的胃、肠肿瘤，呼吸系统的咽喉、气管肿瘤，泌尿系统的膀胱、尿道肿瘤和皮肤癌等[415-417]。

　　在耐火材料工业中，二氧化钛可以用于制造特种耐火材料；在玻璃工业中，可以制造耐热玻璃、玻璃纤维、不透红外线玻璃等特种玻璃；利用二氧化钛还可以制造地毯、装饰织物、美术颜料、蜡笔、铅笔等；同时，二氧化钛还可用于制造非线性元件、介质放大器、电镀材料等[418-419]。

5.4 钛矿资源

　　钛原子的外层价电子层结构为 $3d^2 4s^2$，d 轨道全空，原子结构比较稳定。由于含钛矿床比较分散，长期被列为稀有元素。而实际上钛元素并不稀有，几乎遍布世界各地，钛的金属元素含量占第七位，仅次于铝、铁、钙、钾、钠和镁[420]。钛在矿物中主要以二氧化钛、钛酸盐、钛硅酸盐形式存在。现已发现的二氧化钛含量大于1%的矿物有100多种，但有工业价值的只有十几种，主要包括金红石、钛铁矿、钛磁铁矿、白钛矿、锐钛矿、红钛矿、钙钛矿、锰钛矿和钛铁晶石等[421]。在工业生产中广泛应用的钛矿石主要有以下几种。

5.4.1 钛铁矿

钛铁矿中所含的主要物质通常是指偏钛酸亚铁（$FeTiO_3$），由于钛铁矿是一种复杂的氧化物矿，即便经过精选，其中也会含有数十种元素。对于钛铁矿原矿品位一般要求含二氧化钛10%~40%才有工业价值。目前全世界钛铁矿年产量大约为8000万吨，占含钛矿石总量的23%~33%，国外总储量约为20亿吨[422-424]。对于全世界来说，钛铁矿储量多的国家及地区主要是加拿大、挪威、南非等[425]。我国的钛铁矿资源比较丰富，主要是以钛铁岩矿为主，部分是砂矿。钛铁岩矿主要产自四川、云南和河北；砂矿主要产自广东和海南等地[426-427]。钛铁矿是所有钛矿物中开采量最大，硫酸法生产钛白应用最广泛的矿石。

5.4.2 金红石

金红石性质稳定，是分布最广的砂矿矿物之一。一般金红石原矿中二氧化钛的含量不小于2%，主要含有FeO、Al_2O_3、CaO、MgO、SiO_2等。经过精选后的金红石，其二氧化钛的含量可达到95%以上，甚至达到99%[428-429]，主要应用于氯化法生产钛白工艺。近年来，随着氯化法的发展，金红石的勘察、开发、选矿、处理日益引起人们的注意。世界上金红石储量最多的国家及地区是巴西、澳大利亚和南非等地。我国金红石矿较少，主要分布在湖北和山西[430-431]。因为硫酸不能使金红石转化为可溶性硫酸盐，所以硫酸法生产钛白一般不以金红石为原料，金红石主要应用于氯化法钛白的生产工艺。由于天然金红石矿石资源的稀缺，各公司纷纷致力于人造金红石或高钛渣的生产，来代替天然金红石矿[432-433]。

5.4.3 富钛料

近些年来，由于天然金红石资源逐渐枯竭，价格昂贵，钛铁矿中二氧化钛品位较低，富钛料的生产成为人们研究的热点。富钛料是指将钛铁矿富集，获得二氧化钛含量较高的原料，富钛料按最终产物可分为高钛渣和人造金红石[434-435]。钛渣是用电炉冶炼钛铁矿制取的产品，二氧化钛含量大于90%的钛渣主要作为氯化法钛白的生产原料，二氧化钛含量小于90%的钛渣是硫酸法钛白的优质原料；人造金红石主要应用于氯化法钛白的生产[436-438]。

富钛料的生产工艺可分为火法工艺和湿法工艺。火法包括电炉熔炼法、选择氯化法、等离子熔炼法、微波-热等离子体生产活性富钛料等方法；湿法包括部分还原—盐酸浸出法、部分还原—硫酸浸出法、还原锈蚀法、还原—磨选法以及其他的化学分离法等[439-441]。

近年来，国内外对富钛料的制造方法进行了更广泛、更深入的研究，包括对现有方法的改进和新方法的研究，取得了许多进展。目前工业上获得应用的方法主要有：电炉熔炼法、酸浸出法和还原锈蚀法。

5.4.3.1　电炉熔炼法

这种方法是使用还原剂，将钛铁矿中的铁氧化物还原成金属铁分离出去进行选择性除铁，从而富集钛的火法冶金过程，其生产工艺流程见图 5-4[442-444]。其主要工艺是以无烟煤或石焦油作为还原剂，与钛铁矿经过配料、制团后，加入 DC 炉内，在 1597~1797℃ 的高温条件下进行熔炼，产物为凝聚态的金属铁和钛渣。利用生铁与钛渣的比重和磁性差别，将钛氧化物与铁分离，从而得含二氧化钛 72%~95% 的钛渣和副产品生铁。

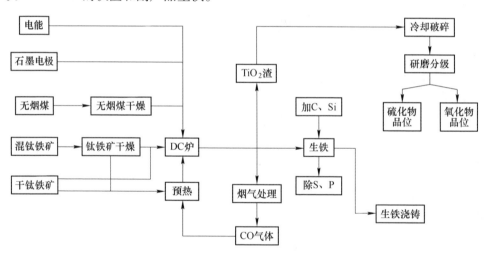

图 5-4　电炉熔炼法生产二氧化钛工艺流程

5.4.3.2　还原锈蚀法

Becher 法在我国称为"还原锈蚀法"，它是澳大利亚 CSIRO 研究成功的一种特有的制造人造金红石的方法[445-447]。它是以风化的高品位钛铁矿为原料（TiO_2 含量≥54%），以廉价的褐煤为还原剂和燃料，在回转窑中于 1100~1180℃ 高温下将钛铁矿中的铁氧化物全部还原为金属铁，还原剂在冷却筒中在缺氧的保护气氛下冷却至 80℃ 以下出窑。还原钛铁矿在含有少量盐酸或氯化氨的水溶液中，用空气将矿中金属铁"锈蚀"为水合氧化铁；然后用旋流分离器将赤泥从二氧化钛富集物中分离出来。

5.4.3.3　酸浸出法

酸浸出法结合火法工艺，先将钛铁矿经过氧化焙烧、还原焙烧，再以盐酸或硫酸法钛白生产中产生的废酸浸取，经过过滤、洗涤、灼烧制得人造金红石，其工艺流程见图 5-5[448-450]。

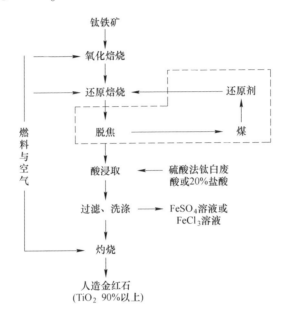

图 5-5　酸浸法制取人造金红石工艺流程

20 世纪 70 年代初由美国 Benilite 公司研究成功的盐酸循环浸出法，简称为 BCA 法[451]。它是以风化的高品位钛铁矿砂矿（TiO_2 含量为 54% ~ 65%）为原料，以重油为还原剂和燃料，在回转窑中于 870℃温度下将钛铁矿中的 Fe^{3+} 还原为 Fe^{2+}（这种还原称为弱还原），还原剂在冷却筒中在缺氧的保护气氛下冷却至 80℃以下出窑。还原钛铁矿在旋转的加压浸出球中用 18% ~ 20%盐酸于 140℃下浸出矿中的铁等可溶性杂质，浸出物经过滤洗涤，于 870℃下煅烧成产品。浸出母液含有残留盐酸和浸出的铁等杂质氯化物，先预浓缩除去大约 1/4 的水分，然后采用喷雾焙烧法回收盐酸，再生盐酸返回浸出工序使用[452-454]。

澳大利亚 Austpac 资源公司将其做了进一步改进。工艺流程是钛铁矿—精选—强氧化—弱还原—流态化常压浸出—固液分离—烘干煅烧—后磁选和浸出母液焙烧回收盐酸循环使用[455-457]。该工艺流程也称为 TSR 法。TSR 法已完成工厂试验和建设大型化工厂的可行性评估，据称这种方法可用于处理许多低品位钛矿，产品人造金红石品位可高达 96%以上[458-460]。QIT 公司采用原生钛铁矿

（TiO$_2$ 含量为 36.6%，FeO+Fe$_2$O$_3$ 含量为 52.7%）为原料，经高温氧化焙烧磁选获得焙烧磁选精矿，然后放入密闭电炉熔炼获得含二氧化钛 80% 的钛渣[461-463]。

经过多年的研究改进，国内外都取得了一定的研究成果，工艺不断地改进。我国攀枝花的钒钛磁铁矿资源丰富，北京矿冶研究总院和重钢集团矿业有限公司提出了钛铁矿细磨—多级逆流浸出的工艺，可得到二氧化钛品位大约 94% 的人造金红石产品[464]，为氯化法钛白生产工艺提供了优质的原料。

5.5 二氧化钛的制备方法

二氧化钛俗称钛白，工业生产钛白的方法主要有硫酸法和氯化法，各有其特点，所以两种生产方法共存[465]。根据二氧化钛的性质也进行其他制备方法的尝试，二氧化钛是一种两性化合物，也有探索应用碱法来进行二氧化钛制备的研究。

5.5.1 硫酸法生产钛白

5.5.1.1 反应形式

至今为止，人们研究硫酸法生产钛白的方法多种多样，但是真正在生产中实践过的大约有以下几类反应形式[466-468]：

（1）液相法：整个反应在液相中进行，使用 55%~65% 的硫酸进行浸出，直接得到钛液。

（2）固相法：使用浓硫酸，反应温度高，反应剧烈，得到产物为固相，再用水浸出，得到钛液。

（3）两相法：将含钛矿石和 65%~80% 硫酸混合加热，反应主产物以沉淀形式析出，用水浸取后，生成悬浮溶液。

（4）加压法：使用 20%~50% 浓度的硫酸，反应温度在 180~300℃ 之间，在耐高压设备的条件下，得到固相产物，再经过浸出得到钛液。

5.5.1.2 传统硫酸法工艺流程

硫酸法制备二氧化钛的整个流程可分为五大步骤：原矿准备、硫酸盐溶液的制备、偏钛酸的制备、偏钛酸的煅烧、二氧化钛的后处理[469-470]。硫酸法生产颜料钛白工艺流程如图 5-6 所示[391]。

（1）原矿采用钛铁矿或钛渣，大致分三步准备：首先是干燥，脱去矿砂中所含水分；接着进行磁选，利用钛铁矿中各矿分的比磁化系数的差异分离钛铁矿中的有害杂质；最后是磨矿，采用球磨机将其磨成粉末。

（2）钛的硫酸盐溶液的制备包括钛铁矿的酸解，以及钛液的沉降、结晶、分离、过滤和浓缩等工序。硫酸酸解就是用热的浓硫酸和钛铁矿反应，将其中的

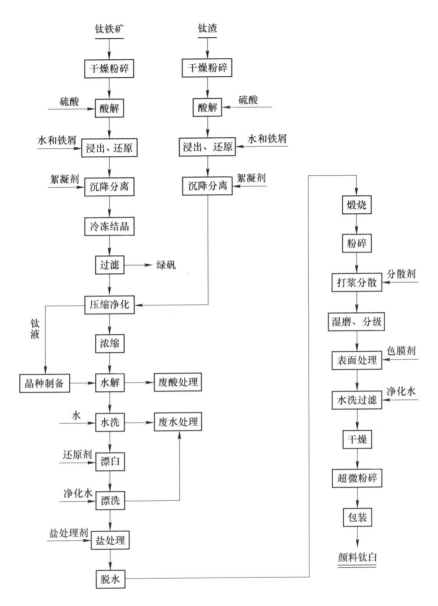

图 5-6 硫酸法生产钛白工艺流程

钛和铁等组分转化为可溶性硫酸盐溶液，并用还原剂将溶液中的硫酸铁还原成硫酸亚铁。其他杂质，如 MgO、CaO、Al_2O_3、MnO 等也和硫酸反应生成相应的硫酸盐。接着将钛液进行净化，以除去其中的不溶性悬浮杂质和部分硫酸亚铁。硫酸亚铁的分离则是利用它在不同温度时溶解度的差异，采用冷冻结晶的方法，从而得到纯净的钛硫酸盐溶液[471-473]。为了符合工艺的要求，有时还需要进行浓缩。只有制备出质量符合要求的钛硫酸盐溶液，才能为制得品质优异的二氧化钛打下基础。

（3）偏钛酸是由钛的硫酸盐溶液加热水解而生成的。水解是一个关键步骤。为了促进水解反应，并使得到的偏钛酸颗粒符合要求，必须在水解钛液中预先培养出或加入一定数量的符合要求的晶种，以确保得到符合要求的产品。由于水解反应是在较高的酸度下进行的，因此大部分杂质硫酸盐仍以溶解状态留在母液中。所以水洗的任务是将偏钛酸与母液分离，用水清洗以除尽母液所含可溶性杂质。经过水洗仍残留在偏钛酸中的最后一部分杂质，则以漂洗来除去，再进行第二次水洗。

（4）偏钛酸的煅烧，是经过高温处理，脱除水分和二氧化硫，从而生成二氧化钛，并依据热化学与相转位动力学规律，完成晶型转化。不同温度下煅烧可以得到不同晶型的二氧化钛产品。

（5）二氧化钛的后处理是按照不同用途对煅烧所得二氧化钛进行各种处理以弥补它的光活性缺陷，后处理包括粉碎、分级、无机和有机的表面包膜处理、过滤、水洗、干燥、超微粉碎和计量包装等，从而制得表面性质好、分散性高的二氧化钛成品。

5.5.1.3　废气处理

硫酸法钛白生产工艺中所产生的废（气、烟、水）副产物比较多，因此，生产工艺必须包括废副产物处理。德国拜耳公司硫酸法钛白厂的无公害废料处理流程如图 5-7 所示[474-475]。工艺路线是先利用 400℃ 高温尾气为将废酸预蒸发，进行第一步浓缩，再利用水蒸气真空蒸发，浓缩得到 65% 的硫酸，此后用工艺过程中的废热来进行废酸预蒸发[476-478]。

5.5.2　氯化法生产钛白

氯化法是指用含有至少 20% 的二氧化钛矿石纯化出二氧化钛的方法。将含钛矿石经过高温氯化制成四氯化钛，再用蒸馏纯化四氯化钛，再加入氧将其氧化，最后便可以得到纯化的二氧化钛。氯化法的研究始于 20 世纪 30 年代的德国，于 50~60 年代在美国和英国逐渐成熟。适用的原料为天然金红石，人造金红石，或含金红石、白钛石和钛铁矿等的混矿[479]。

传统的氯化法制备二氧化钛的工艺路线，主要由三个部分组成：氯化、氧化和后处理，主要分为以下几个步骤[480-481]：（1）准备原料：主要的原料有石焦油和富钛料（如天然金红石、人造金红石、高钛渣）；（2）获取 $TiCl_4$：精选后的金红石型钛矿与适量的碳质材料碾磨粉碎、挤压成型，进行焦化处理后再与氯气反应，通过原料的沸腾氯化得到四氯化钛高温烟气；（3）去除固体杂质：本阶段主要通过冷却除去四氯化钛烟气中的固体杂质，并加入碱液除去烟气中的三

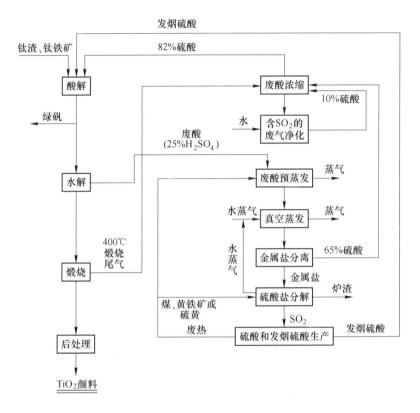

图 5-7 硫酸法钛白生产中废料处理流程

氯化铝；（4）粗四氯化钛的冷凝，四氯化钛烟气在冷凝系统中冷凝，成为液态的四氯化钛；（5）氧化：本阶段完成精制四氯化钛氧化反应，生产二氧化钛初产品；（6）氯气的回收循环再利用：为降低生产成本和环保问题，必须对氯气进行回收循环再利用。须特别指出的是一定要尽可能地去除水，否则会严重地影响 $TiCl_4$ 的生成；（7）后处理：二氧化钛表面处理；过滤和干燥；气流粉碎；产品包装。经过改进后的氯化法钛白的工艺流程如图 5-8 所示[482]。

氯化法钛白生产工艺中的废料处理过程主要包括以下几步[483]：（1）氯化尾气处理：先把实验过程中产生的酸性气体通过水洗生成稀盐酸，通过净化处理后可作为副产品直接外售或者作为后处理的包膜剂使用。可用反应过程中产生的 $FeCl_2$ 溶液吸收尾气中的 Cl_2；（2）洗涤后的氯化尾气含有高浓度 COS，通过焚烧后的高温烟气蒸发废水，将尾气中有机硫 COS 转化为无机硫 SO_2，为后续的完全脱硫提供条件；（3）氯化废渣处理后的滤液中富含 Cl^-，通过蒸发处理氯化废水，既能得到副产物氯化钙晶体，又可大大减少排放废水中 Cl^- 的含量。

氯化法工艺先进，具有三废少、副产品容易处理等优点，倍受人们的青睐。

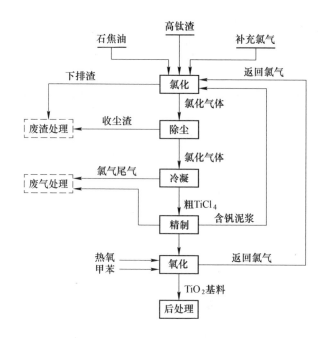

图 5-8 氯化法钛白生产工艺流程

氯化法需要使用富钛料，一般使用金红石矿。但天然金红石资源逐渐枯竭，为了满足工业生产的需要，需要将品位较低的钛铁矿资源进行富集，得到高品位的富钛料—钛渣或人造金红石。目前全世界所需钛矿物为 4.5 ~ 5.0Mt/a（以 TiO_2 计），其中将其加工成人造富钛料的矿物占总用矿量的 70% 左右，可见富钛料的生产是十分重要的[484-485]。随着氯化法钛白的快速发展，对高品位富钛料的需求量迅速增长，特别是由于环保要求越来越严格，人们就更加关注富钛料的生产和研究。

5.5.3 碱法制备二氧化钛

碱法制备二氧化钛先把钛渣和烧碱熔盐反应，得到固相中间产物，进行水洗；将水洗后的固相产物加入稀硫酸，生成硫酸氧钛溶液；钛液水解生成偏钛酸经过高温煅烧得到二氧化钛产品；得到的碱液可以循环使用，其主要工艺流程见图 5-9[486-487]。

该法是在一个不锈钢反应装置中进行，需要温度计，机械搅拌器和回流冷凝器。在加热搅拌的条件下，先将氢氧化钠放入反应装置中，当温度达到 500℃ 时，将钛渣加入反应器中，继续搅拌 1h；之后，将产物用水浸出，获得中间固体产物；中间固体产物在 50℃ 时用稀硫酸溶液溶解 4h，水解沉淀得到偏钛酸；偏钛酸过滤、洗涤，去除杂质后进行煅烧得到二氧化钛产品[488]。

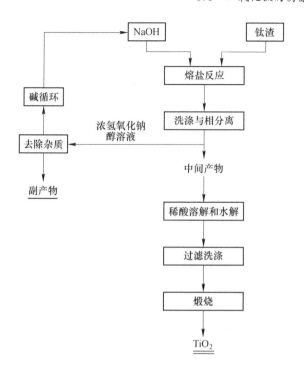

图 5-9 碱法制备二氧化钛工艺流程

其主要反应如下：

$$2Ti_3O_5 + 12NaOH + O_2 = 6Na_2TiO_3 + 6H_2O \qquad (5-3)$$

$$Na_2TiO_3 + (1 - x + y)H_2O = xNa_2O \cdot TiO_2 \cdot yH_2O + (2 - 2x)NaOH \qquad (5-4)$$

$$xNa_2O \cdot TiO_2 \cdot yH_2O + (x + 1)H_2SO_4 = TiOSO_4 + xNa_2SO_4 + (x + y + 1)H_2O \qquad (5-5)$$

$$TiOSO_4 + 2H_2O = H_2TiO_3 + H_2SO_4 \qquad (5-6)$$

5.5.4 传统工艺存在的问题

工业生产钛白主要应用的是硫酸法和氯化法。硫酸法的基本工艺依然遵循 20 世纪 20 年代的布鲁明费尔德法的主要工序，除煅烧以外，大多数是间歇式操作。硫酸法最致命弱点就是要排出大量废弃物。鉴于这种原因，国外的大型硫酸法工厂往往临海沿河而建便于排放三废。硫酸法钛白属于水质污染型的化工生产，其排废量之大在整个化学工业中名列前茅[489-490]。

随着环保条例日趋严厉，硫酸法工厂停产和减产的消息时有所闻。工业发达国家由硫酸法向氯化法过渡的主要原因也是由于日益高昂的三废治理费用。因此废酸的利用和存储成为硫酸法钛白生产工艺的限制环节,今后国内的发展趋势也必然会如此。副产品硫酸亚铁的利用仍停留在净水剂的用途上,磁性功能材料的开发虽有一定的进展,但仍处于起步阶段[491-492]。面对日益严格的环保要求,硫酸法要生存,就必须解决环保问题。

国外解决副产品硫酸亚铁的主要途径是改变原料,用酸溶性钛渣来取代钛铁矿。以酸溶性钛渣为原料生产钛白粉所需的设备与以钛铁矿为原料基本相同,只需调整生产工艺,不需增加或调整设备[493]。该工艺在技术、设备方面不成问题,而且还省去了铁屑还原、亚铁结晶分离2个工序,缩短了生产周期,提高了现有设备产能,具有的一定的经济意义和社会效益。

氯化法之所以能够崛起并获得迅速发展,主要是工艺流程比硫酸法短,环境污染程度比硫酸法弱很多,生产能力易于扩大,连续化自动化程度高,劳动生产率高,氯气可循环使用,产品优质。生产钛白时,原料中的二氧化钛含量越高,产生的废料就越少,因此,氯化法对原料纯度要求越来越高,需要使用富钛料。而天然金红石逐渐枯竭,生产人造金红石市场成本过高,严重影响着氯化法的发展与推广。另外氯化法工艺难度大,需要有严格的控制系统,设备材料要求高并难以维修,不仅要求有很高的操作技术和管理水平,而且研究开发难度和耗资均很大,氯化法的这些缺点限制了其在钛工业上的进一步发展[494],这就是先进的氯化法不可能完全取代硫酸法主要原因。因此,探索制备二氧化钛的新工艺和新技术具有重要的现实意义。

5.6 实验原料

钛渣中含有大量的钛、硅、铝、钙等有价金属,实现钛渣的绿色综合利用,具有重要的战略意义。利用钛渣生产钛白,可以减少或者消除副产品绿矾,省去结晶分离工序,减少能耗和时间。工业生产钛白的方法主要有硫酸法和氯化法。氯化法一般使用富钛料,而且需要高新技术和巨额投资。现有的硫酸法生产钛白工艺在生产过程中存在副产物、废硫酸和废气难处理的问题,造成严重的环境污染。本章实验根据钛渣的性质和特点,取在四川某地的钛渣为原料,开展了钛渣绿色资源综合利用的研究,采用焙烧法从钛渣中提取二氧化钛。

5.6.1 化学成分

采用德国 XEPOSX 荧光分析仪对钛渣的化学成分进行分析,结果如表 5-4 所示。钛渣的主要成分是二氧化钛,其含量为 48.65%;其次是铝、硅、钙、镁、锰等元素,共占钛渣总量的 50% 左右,可实现高值化综合利用。

表 5-4   钛渣的主要化学组成   （质量分数/%）

成分	TiO₂	Al₂O₃	Fe₂O₃	SiO₂	MgO	CaO	MnO
含量	48.65	14.30	5.30	17.55	7.50	5.71	0.99

5.6.2 物相组成

采用 D/max-2500PC 型 X 射线衍射仪对钛渣的物相进行分析，测定条件为：使用 Cu 靶 Kα 辐射，波长 $\lambda = 1.544426 \times 10^{-10}$ m；工作电压 40kV；2θ 衍射角扫描范围 10°~90°；扫描速度 0.033(°)/s。

钛渣的 X 射线衍射分析见图 5-10，钛渣的主要物相为固溶镁和铁的黑钛石 $(Mg_{0.5}Fe_{0.5})Ti_2O_5$ 和复杂的硅酸盐相 $Al_2Ca(SiO_4)_2$。

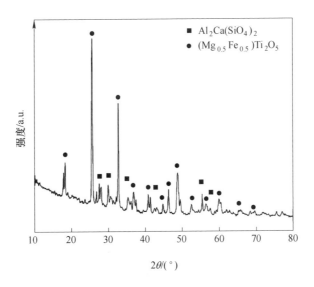

图 5-10   钛渣的 XRD 图

5.6.3 微观形貌

采用 SSX-550 型扫描电子显微镜对钛渣的形貌进行分析，测定条件为：工作电压 15kV；加速电流 15mA；工作距离 17mm。图 5-11 为钛渣经过破碎、研磨和喷金处理后的 SEM 像，可以看出钛渣表观结构致密，表面粗糙，形状不规则。

钛渣的 EDS 能谱图如图 5-12 所示，从图中可以看出矿石中含有 Ti、Al、Si、Mg、Ca、O 元素。除氧离子外几乎无其他阴离子，因此各金属元素均以氧化物或硅酸盐的形式存在，与 XRD 分析结果吻合。

图 5-11 钛渣的 SEM 像

（a）×2000；（b）×1000

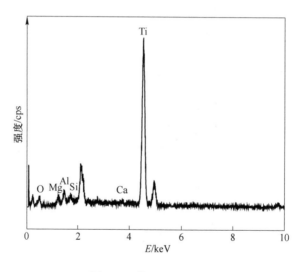

图 5-12 钛渣的 EDS 图

5.7 实验药品及仪器

　　钛渣经过破碎、球磨后用于实验；浓硫酸为工业级，含量为 98%；水为去离子水；分析药品均为分析纯。实验所用仪器为电阻丝加热炉、FP93 控温仪、DK-S24 型水浴锅、W-02 型搅拌器。

5.8　实验原理

钛渣中的 Ti 主要存在于黑钛石固溶体（$Mg_{0.5}Fe_{0.5}$）Ti_2O_5 中，在焙烧过程中发生的主要化学反应如下：

$$2(Mg_{0.5}Fe_{0.5})Ti_2O_5 + 6H_2SO_4 \Longrightarrow 4TiOSO_4 + MgSO_4 + FeSO_4 + 6H_2O\uparrow$$

$$(5-7)$$

钛渣中还有复杂的硅酸盐相 $Al_2Ca(SiO_4)_2$，因此钛渣酸解过程中还伴有如下反应发生：

$$Al_2Ca(SiO_4)_2 + 4H_2SO_4 \Longrightarrow Al_2(SO_4)_3 + CaSO_4 + 2SiO_2 + 4H_2O\uparrow$$

$$(5-8)$$

由于 Ti 元素主要存在于黑钛石物相中，所以黑钛石酸溶性好坏，直接影响钛渣的酸解率。实验表明 FeO 和 MgO 对黑钛石的酸解起到促进作用，而钛渣的主要物相为镁和铁的黑钛石固溶体，所以具有较高的酸解性。

5.9　实验步骤

取部分钛渣放在坩埚中，加入一定量的浓硫酸，混合均匀；通过电阻丝加热炉加热至实验所需温度，恒温一定时间后取出，冷却至室温；将熟料中加入一定量的水，置于一定温度的水浴锅中搅拌一定时间，抽滤得到钛液和渣，Si、Ca 等元素主要集于渣中；溶液中二氧化钛的含量采用硫酸高铁铵滴定法测定，并计算钛渣酸解率。

5.10　实验结果和讨论

5.10.1　粒度对钛渣酸解率的影响

在酸矿质量比 2.1∶1、焙烧温度 310℃、焙烧时间 75min 的实验条件下，考察了不同原料粒度与钛渣酸解率的关系。粒度范围为 45～53μm、58～65μm、78～86μm、160～180μm，结果如图 5-13 所示。

由图 5-13 可知，钛渣的酸解率随着粒度的减小是逐渐提高的。焙烧反应为液-固多相反应，符合"收缩未反应核模型"，钛渣颗粒粒度减小使颗粒界面液膜扩散层的厚度减小，离子通过扩散层的速度增加，反应速率加快。化学反应速度和比表面积成正比，钛渣变细后，增加了反应的接触面积，加速了分子之间的有效碰撞，提高了反应速度，当钛渣的粒度达到 45～53μm 时，其酸解率最高。

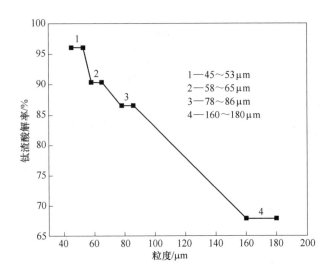

图 5-13 粒度对钛渣酸解率的影响

5.10.2 酸矿质量比对钛渣酸解率的影响

在钛渣粒度 45~53μm、焙烧温度 310℃、焙烧时间 75min 的实验条件下，考察了不同酸矿比与钛渣酸解率的关系。酸矿比是影响钛渣酸解率的重要因素，选择酸矿比与钛渣的化学组成有关。钛渣酸解过程中，除渣中钛氧化物与硫酸反应外，杂质镁、铁、铝等也大部分溶解进入溶液，所以酸解反应很复杂，很难用计算的方法得出。根据钛渣的化学成分分析，再通过试验进行确定，从图5-14可知，随着酸矿比的增加，其酸解率逐渐增大。当酸矿比为 2.1：1 时，酸解率已经达到 95.56%，再增加硫酸的用量，曲线趋于平稳，其酸解率也没有明显的提高，所以最佳酸矿比控制在 2.1：1。

5.10.3 焙烧温度对钛渣酸解率的影响

在钛渣粒度 45~53μm、酸矿质量比 2.1：1、焙烧时间 75min 的实验条件下，考察了焙烧温度与钛渣酸解率的关系，结果如图 5-15 所示。由图 5-15 可知，随着温度的升高，钛渣的酸解率迅速增加，当反应温度从 220℃升高到 310℃时，钛渣酸解率从 83.05% 提高到 95.56%，这是因为温度升高，分子运动加剧，增加了分子之间的有效碰撞，反应速率加快；另外，温度升高，加快了固相钛渣与液相硫酸之间的物质传递，增大了扩散速度，酸解率提高。

5.10.4 焙烧时间对钛渣酸解率的影响

在钛渣粒度 45~53μm、酸矿质量比 2.1：1、焙烧温度 310℃ 的实验条件下，

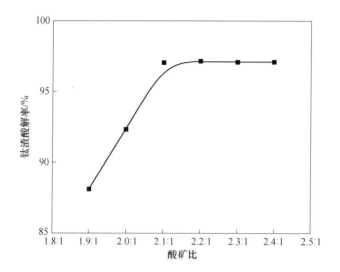

图 5-14   酸矿质量比对钛渣酸解率的影响

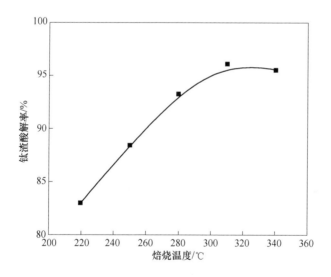

图 5-15   反应温度对钛渣酸解率的影响

考察了焙烧时间与钛渣酸解率的关系，结果如图 5-16 所示。由图 5-16 可知，随着时间的延长，钛渣酸解率逐渐增大，当时间达到 75min 时酸解率就已经达到了 96%，再延长时间，酸解率曲线趋于平稳，所以焙烧时间控制到 75min。

5.10.5   正交实验结果与分析

在单因素试验研究的基础上，采用正交表 $L_9(3^3)$ 设计实验。影响钛渣酸解

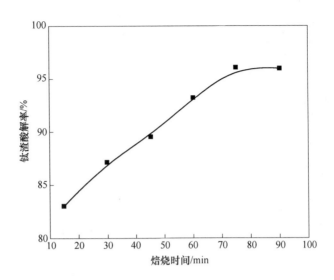

图 5-16 焙烧时间对钛渣酸解率的影响

率的因素较多，采用正交设计可有效地确定有关因素对酸解效果的影响，从而寻找最佳的酸解工艺参数。根据酸解的探索性试验选择酸矿比、焙烧时间和焙烧温度 3 个因子进行 3 水平正交试验，如表 5-5 所示。以钛渣酸解率为评价指标进行正交试验，试验结果如表 5-6 所示。

表 5-5 正交实验因素水平表

水 平	A 酸矿比	B 焙烧温度/℃	C 焙烧时间/min
1	1.9	250	15
2	2.0	280	45
3	2.1	310	75

表 5-6 正交实验结果与分析

项 目	A 酸矿比	B 焙烧温度/℃	C 焙烧时间/min	钛渣酸解率 /%
1	1.9	250	15	73.69
2	1.9	280	45	78.81
3	1.9	310	75	88.12

项　目	A 酸矿比	B 焙烧温度/℃	C 焙烧时间/min	钛渣酸解率 /%
4	2.0	250	45	85.81
5	2.0	280	75	91.91
6	2.0	310	15	83.26
7	2.1	250	75	87.56
8	2.1	280	15	86.18
9	2.1	310	45	94.73
K_1	80.20	82.35	81.04	
K_2	86.99	85.63	86.45	
K_3	89.49	88.70	89.20	
R	9.29	6.35	8.16	

采用极差法对正交试验结果进行统计分析，由极差 R 的大小可知：在各因素选择的范围内，影响钛渣酸解率各因素的主次关系为：A>C>B，即酸矿比的影响最为显著，其次是焙烧时间和焙烧温度，极差趋势图如图 5-17 所示。用浓硫酸焙烧钛渣的最佳实验条件为：酸矿质量比 2.1∶1，焙烧时间 75min，焙烧温度310℃；按照最佳条件进行验证实验，钛渣酸解率可达 96%。

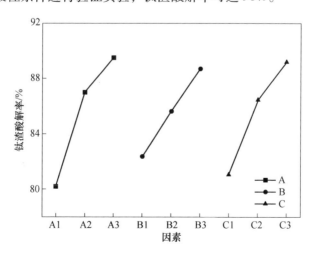

图 5-17　极差趋势图

5.10.6 滤渣分析

将滤渣洗涤至中性，取样进行成分分析，结果如表 5-7 所示。由表 5-7 可知，滤渣的主要成分是二氧化硅，二氧化钛的含量很低。

表 5-7 **滤渣的主要化学组成**　　　　　　　　（质量分数/%）

成分	TiO_2	Al_2O_3	Fe_2O_3	SiO_2	MgO	CaO	MnO	其他
含量	4.68	11.54	2.11	60.61	5.35	7.48	1.06	7.17

滤渣通过 X 射线衍射分析，如图 5-18 所示，滤渣的主要物相为 SiO_2、$Al_2Ca(SiO_4)_2$ 和 $Ca(Mg，Al)(Si，Al)_2O_6$，含钛矿物峰消失，说明钛渣经硫酸处理后，含钛矿物完全反应，残留在渣中的主要物质是硅酸盐。图 5-19 为滤渣经过喷金处理后的 SEM 像，由图 5-19 可知，经过酸解处理后，滤渣表面凸凹不平，钛渣的形貌被破坏，硅酸盐相大部分以二氧化硅形式存在，这为后续二氧化硅的提取奠定了基础。

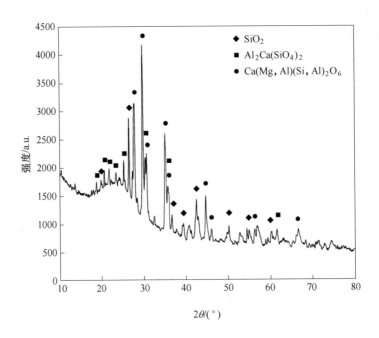

图 5-18　滤渣的 XRD 图

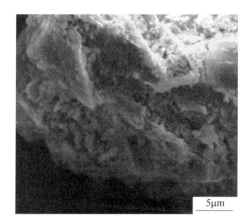

图 5-19 滤渣的 SEM 图

参 考 文 献

［1］张卫峰，汤云川，张四代，等．全球粮食危机中化肥产业面临的问题与对策［J］．现代化工，2008，28（7）：1-7.

［2］赵小蓉，林启美．微生物研究进展［J］．土壤肥料，2001（3）：7-11.

［3］王改兰，段建南．土壤矿物钾活化途径［J］．土壤通报，2004，35（6）：802-805.

［4］薛泉宏，张宏娟，蔡艳，等．钾细菌对江西酸性土壤养分活化作用研究［J］．西北农林科技大学学报，2002，30（1）：38-42.

［5］孙克君，赵冰，卢其明，等．活化磷肥的磷素释放特性、肥效及活化机理研究［J］．中国农业科学，2007（8）：1722-1729.

［6］崔建宇，王敬国，张福锁．肥田萝卜、油菜对金云母中矿物钾的活化与利用［J］．植物营养与肥料学报，1999，5（4）：328-334.

［7］代明，谭天水，廖宗文．活化磷肥在水稻上的肥效研究［J］．磷肥与复肥，2010，25（5）：83-84.

［8］MEENA V S, MAURYA B R, VERMA J P. Does a rhizospheric microorganism enhance K⁺ availability in agricultural soils［J］. Microbiological Research, 2014, 169（5/6）：337-347.

［9］曹玉江，张国权，廖宗文．均匀设计在纳米材料促溶磷矿粉条件优化中的应用［J］．华南农业大学学报，2008（3）：115-119.

［10］崔建宇，任理，王敬国，等．有机酸影响矿物钾释放的室内试验与数学模拟［J］．土壤学报，2002，39（3）：341-350.

［11］曹玉江，刘安勋，廖宗文，等．纳米材料对玉米磷营养的影响初探［J］．生态环境，2006，15（5）：1072-1074.

［12］王爱民．盐湖钾肥：坐拥资源优势内在价值极高［J］．证券导报，2005（26）：72-73.

［13］马鸿文，苏双青，刘浩，等．中国钾资源与钾盐工业可持续发展［J］．地学前缘，2010，17（1）：294-310.

［14］MANNING D A C. Mineral Sources of Potassium for Plant Nutrition［J］. Sustainable Agriculture, 2011,（2）：187-203.

［15］宋新宇，郎一环．多途径解决我国钾盐资源紧缺的对策探讨［J］．地质与勘察，1998，34（6）：10-13.

［16］陈静．含钾岩石资源开发利用及前景预测［J］．化工矿产地质，2000，22（1）：58-64.

［17］曲均峰，赵福军，傅送保．非水溶性钾研究现状与应用前景［J］．现代化工，2010，30（6）：16-19.

［18］蒋先军，谢德体，杨剑虹，等．硅酸盐细菌对矿粉和土壤的解钾强度及来源研究［J］．西南农业大学学报，1999，21（5）：473-476.

［19］于晓东，王斌，连宾．以含钾岩石为原料制作的发酵有机肥对苋菜生长的影响［J］．中国土壤与肥料，2011（2）：61-64.

［20］刘茎．钾长石制备含钾复合肥工艺研究［D］．合肥：合肥工业大学，2008.

［21］朱良友．钾长石粉提纯工艺研究［J］．非金属矿，2009，32（z1）：21-22.

［22］王万金，白志民，马鸿文．利用不溶性钾矿提钾的研究现状及展望［J］．地质科技情报，1996（3）：59-63.

［23］林耀庭．关于钾盐资源问题的思考［J］．中国地质，1998（9）：43-45.

［24］DASGUPTA A. Fertilizer and cement from Indian orthoclase［J］. Indian Journal Technyolog, 1975, 13（8）：359-361.

［25］TALBOT C J, FARHADI R, AFTABI P. Potash in salt extruded at Sar Pohldiapir, Southern Iran［J］. Ore Geology Reviews, 2009, 35（3/4）：352-366.

［26］SWAPAN K D, KAUSIK D. Differences in densification behaviour of K- and Na- feldspar-containing porcelain bodies［J］. Thermochimica Acta, 2003, 406（1/2）：199-206.

［27］CICERI D, MANNING D A C, ALLANORE A. Historical and technical developments of potassium resources［J］. Science of the Total Environment, 2015, 502（1）：590-601.

［28］郑绵平，项仁杰，葛振华．我国钾、镁、锂、硼矿产资源的可持续发展［J］．国土资源情报，2004（3）：27-32.

［29］陈廷臻，米清海．不溶性钾矿制造钾肥的现状与前景［J］．建材地质，1997（S1）：63-65.

［30］王弭力，刘成林．罗布泊盐湖钾盐资源［M］．北京：地质出版社，2001：47-67.

［31］胡波，韩效钊，肖正辉，等．我国钾长石矿产资源分布、开发利用、问题与对策［J］．化工矿产地质，2005，27（1）：25-32.

［32］姬海鹏，徐锦明．利用钾长石提钾的研究进展［J］．现代化工，2011，31（S1）：30-33.

［33］BULATOVIC S M. Handbook of Flotation Reagents：Chemistry［M］. Amsterdam：Elevier Science, 2015：153-162.

［34］CRUNDWELL F K. The mechanism of dissolution of the feldspars：Part I. Dissolution at conditions far from equilibrium［J］. Hydrometallurgy, 2015（151）：151-162.

［35］GAIED M E, GALLALA W. Beneficiation of feldspar ore for application in the ceramic industry：Influence of composition on the physical characteristics［J］. Arabian Journal of Chemistry, 2015, 8（2）：186-190.

［36］CRUNDWELL F K. The mechanism of dissolution of the feldspars：PartⅡ Dissolution at conditions close to equilibrium［J］. Hydrometallurgy, 2015（151）：163-171.

［37］KAMSEU E, BAKOP T, DJANGANG C, et al. Porcelain stoneware with pegmatite and nepheline syenite solid solutions：Pore size distribution and descriptive microstructure［J］. Journal of the European Ceramic Society, 2013, 33（13/14）：2775-2784.

［38］LIU Y J, PENG H Q, HU M Z. Removing iron by magnetic separation from a potash feldspar ore［J］. Journal of Wuhan University of Technology Materials Science, 2013, 28（2）：362-366.

［39］LAVINIA D F, PIER P L, GIOVANNA V. Characterization of alteration hases on Potash-Lime-Silica glass［J］. Corrosion Science, 2014, 80：434-441.

［40］HYNEK S A, BROWN F H, FERNANDEZ D P. A rapid method for hand picking potassium-rich feldspar from silicic tephra［J］. Quaternary Geochronology, 2011, 6（2）：285-288.

［41］吕一波．钾长石深加工及综合利用［J］．中国非金属矿业导刊，2001，（4）：23-25.

[42] 申军. 钾长石综合利用综述 [J]. 化工矿物与加工, 2000 (10): 1-3.

[43] 姚卫棠, 韩效钊, 胡波, 等. 论钾长石的研究现状及开发前景 [J]. 化工矿质, 2002, 9 (3): 151-156.

[44] 王渭清, 潘磊, 李龙涛, 等. 钾长石资源综合利用研究现状及建议 [J]. 中国矿业, 2012, 21 (10): 53-57.

[45] 薛彦辉, 张桂斋, 胡满霞. 钾长石综合开发利用新方法 [J]. 非金属矿, 2005, 28 (4): 48-50.

[46] 王励生, 金作美, 邱龙会. 利用雅安地区钾长石制硫酸钾 [J]. 磷肥与复肥, 2000, 15 (3): 7-10.

[47] 乔繁盛. 我国利用钾长石的研究现状及建议 [J]. 湿法冶金, 1998 (2): 22-28.

[48] 陶红, 马鸿文, 廖立兵. 钾长石制取钾肥的研究进展及前景 [J]. 矿产综合利用, 1998 (1): 28-32.

[49] 刘文秋. 从钾长石中提取钾的研究 [J]. 长春师范学院学报, 2007, 26 (1): 52-55.

[50] YUAN B, LI C, LIANG B, et al. Extraction of potassium from K-feldspar via the CaCl$_2$ calination route [J]. Chinese Journal of Chemical Engineering, 2015, 23 (9): 1557-1564.

[51] 胡天喜, 于建国. CaCl$_2$-NaCl 混合助剂分解钾长石提取钾的实验研究 [J]. 过程工程学报, 2010, 10 (4): 701-705.

[52] 彭清静, 邹晓勇, 黄诚. 氯化钠熔浸钾长石提钾过程 [J]. 过程工程学报, 2002, 2 (2): 146-150.

[53] 韩效钊, 胡波, 陆亚玲, 等. 钾长石与氯化钠离子交换动力学 [J]. 化工学报, 2006, 57 (9): 2201-2205.

[54] 韩效钊, 姚卫棠, 胡波, 等. 离子交换法从钾长石提钾 [J]. 应用化学, 2003, 20 (4): 373-375.

[55] 彭清静, 彭良斌, 邹晓勇, 等. 氯化钙熔浸钾长石提钾过程的研究 [J]. 高校化学工程学报, 2003, 17 (2): 185-189.

[56] 赵立刚, 彭清静, 黄诚, 等. 氯化钠熔盐浸取法从钾长石中提钾 [J]. 吉首大学学报, 1997, 18 (3): 55-57.

[57] 王忠兵, 程常占, 王广志, 等. 钾长石-NaOH 体系水热法提钾工艺研究 [J]. IM&P 化工矿物与加工, 2010 (5): 6-7.

[58] 程辉, 董自斌, 李学字. 低温水相碱溶分解钾长石工艺的优化 [J]. 化工矿物与加工, 2011, 40 (10): 7-8.

[59] SU S Q, MA H W, CHUAN X Y. Hydrothermal decomposition of K-feldspar in KOH-NaOH-H$_2$O medium [J]. Hydrometallurgy, 2015, 156: 47-52.

[60] NIE T M, MA H W, LIU H, et al. Reactive mechanism of potassium feldspar dissolution under hydrothermal condition [J]. Journal of the Chinese Ceramic Society, 2006, 34 (7): 846-850.

[61] XU J C, MA H W, YANG J. Preparation of β-wollastonite glass-ceramics from potassium feldspar tailings [J]. Journal of the Chinese Ceramic Society, 2003 (2): 121-140.

[62] KAUSIK D, SUKHEN D, SWAPAN K D. Effect of substitution of fly ash for quartz in triaxial

kaolin-quartz-feldspar system [J]. Journal of the European Ceramic Society, 2004, 24 (10/ 11): 3169-3175.

[63] MA X, YANG J, MA H W, et al. Hydrothermal extraction of potassium from potassic quartz syenite and preparation of aluminum hydroxide [J]. International Journal of Mineral Processing, 2016, 147 (10): 10-17.

[64] 赵恒勤, 胡宠杰, 马化龙, 等. 钾长石的高压水化法浸出 [J]. 中国锰业, 2002, 20 (1): 27-29.

[65] 蓝计香, 颜涌捷. 钾长石中钾的加压浸取方法 [J]. 高技术通讯, 1994 (8): 26-28.

[66] 陈定盛, 石林, 汪碧容, 等. 焙烧钾长石制硫酸钾的实验研究 [J]. 化肥工业, 2006, 33 (6): 20-23.

[67] JENA S K, DHAWAN N, RAO D S, et al. Studies on extraction of potassium values from nepheline syenite [J]. International Journal of Mineral Processing, 2014, 133 (10): 13-22.

[68] FENG W W, MA H W. Thermodynamic analysis and experiments of thermal decomposition for potassium feldspar at intermediate temperatures [J]. Journal of the Chinese Ceramic Society, 2004, 32 (7): 789-799.

[69] GALLALA W, GAIED M E. Sintering behavior of feldspar and influence of electric charge effects [J]. International Journal of Minerals, Metallurgy, and Materials, 2011, 18 (2): 132-137.

[70] EZEQUIEL C S, ENRIQUE T M, CESAR D, et al. Effects of grinding of the feldspar in the sintering using a planetary ball mill [J]. Journal of Materials Processing Technology, 2004, 152 (3): 284-290.

[71] JENA S K, DHAWAN N, RATH S S, et al. Investigation of microwave roasting for potash extraction from nepheline syenite [J]. Separation and Purification Technology, 2016, 161 (17): 104-111.

[72] SHANGGUAN W J, SONG J M, YUE H R, et al. An efficient milling-assisted technology for K-feldspar processing, industrial waste treatment and CO_2 mineralization [J]. Chemical Engineering Journal, 2016, 292 (15): 255-263.

[73] 邱龙会, 王励生, 金作美. 钾长石热分解生成硫酸钾的实验研究 [J]. 化肥工业, 2000, 27 (3): 19-21.

[74] 戚龙水, 马鸿文, 苗世顶. 碳酸钾助熔焙烧分解钾长石热力学实验研究 [J]. 中国矿业, 2004, 13 (1): 73-75.

[75] 韩效钊, 金国清, 许民才, 等. 钾长石烧结法制钾肥时共烧结添加剂研究 [J]. 非金属矿, 1997, 9 (5): 27-28.

[76] 马鸿文. 一种新型钾矿资源的物相分析及提取碳酸钾的实验研究 [J]. 中国科学, D 辑, 2005, 35 (5): 420-427.

[77] 苏双青, 马鸿文, 谭丹君. 钾长石热分解反应的热力学分析与实验研究 [J]. 矿物岩石地球化学通报, 2007, 26 (z1): 205-208.

[78] XU H, JANNIE S J D. The effect of alkali metals on the formation of geopolymeric gels from

alkali-feldspars [J]. Colloids and Surfaces A: Physicochemical and Engineering Aspects, 2003, 216 (1/2/3): 27-44.

[79] ZHANG Y, QU C, WU J Q, et al. Synthesis of leucite from potash feldspar [J]. Journal of Wuhan University of Technology Materials Science, 2008, 23 (4): 452-455.

[80] 耿曼, 陈定盛, 石林. 钾长石-$CaSO_4$-$CaCO_3$ 体系的热分解生产复合肥 [J]. 化肥工业, 2010, 37 (2): 29-32.

[81] 汪碧容, 石林. 钾长石-硫酸钙-碳酸钙体系的热分解过程分析 [J]. 化工矿物与加工, 2011, 40 (3): 12-15.

[82] 陈定盛, 石林. 钾长石-硫酸钙-碳酸钙体系的热分解过程动力学研究 [J]. 化肥工业, 2009, 36 (2): 27-30.

[83] 黄珂, 王光龙. 钾长石低温提钾工艺的机理探讨 [J]. 化学工程, 2012, 40 (5): 57-60.

[84] 孟小伟, 王光龙. 钾长石湿法提钾工艺研究 [J]. 无机盐工业, 2011, 43 (3): 34-35.

[85] 邱龙会, 王励生, 金作美. 钾长石-石膏-碳酸钙热分解过程动力学实验研究 [J]. 高校化学工程学报, 2000, 14 (3): 258-263.

[86] 石林, 曾小平, 柯亮. 利用干法半干法烟气脱硫灰热分解钾长石的实验研究 [J]. 环境工程学报, 2008, 2 (4): 517-521.

[87] 柯亮, 石林, 耿曼. 脱硫灰渣与钾长石混合焙烧制钾复合肥的研究 [J]. 化工矿物与加工, 2007, 36 (7): 17-20.

[88] GAN Z X, CUI Z, YUE H R, et al. An efficient methodology for utilization of K-feldspar and phosphogypsum with reduced energy consumption and CO_2 emissions [J]. Chinese Journal of Chemical Engineering, 2016 (24): 1541-1551.

[89] 郑代颖, 夏举佩. 磷石膏和钾长石制硫酸钾的试验研究 [J]. 硫磷设计与粉体工程, 2012 (5): 1-7.

[90] 古映莹, 苏莎, 莫红兵, 等. 钾长石活化焙烧-酸浸新工艺的研究 [J]. 矿产综合利用, 2012 (1): 36-39.

[91] 孟小伟, 王光龙. 钾长石提钾工艺研究 [J]. 化工矿物与加工, 2010, 39 (12): 22-24.

[92] 薛燕辉, 周广柱, 张桂. 钾长石-萤石-硫酸体系中分解钾长石的探讨 [J]. 化学与生物工程, 2004 (2): 25-27.

[93] 张雪梅, 姚日生, 邓胜松. 不同添加剂对钾长石晶体结构及钾熔出率的影响研究 [J]. 非金属矿, 2001, 24 (6): 13-15.

[94] 郭德月, 韩效钊, 王忠兵, 等. 钾长石-磷矿-盐酸反应体系实验研究 [J]. 磷肥与复肥, 2009, 24 (6): 14-16.

[95] 韩效钊, 胡波, 肖正辉, 等. 钾长石与磷矿共酸浸提钾过程实验研究 [J]. 化工矿物与加工, 2005, 34 (9): 1-3.

[96] 韩效钊, 姚卫棠, 胡波, 等. 封闭恒温法由磷矿磷酸与钾长石反应提钾机理探讨 [J]. 中国矿业, 2003 (5): 56-58.

[97] 彭清静. 用硫-氟混酸从钾长石中提钾的研究 [J]. 吉首大学学报, 1996, 17 (2): 62-65.

[98] 丁喻. 常压低温分解钾长石制钾肥新工艺 [J]. 湖南化工, 1996, 26 (4): 3-4.

[99] 薛彦辉, 杨静. 钾长石低温烧结法制钾肥 [J]. 非金属矿, 2000, 23 (1): 19-21.

[100] 黄理承, 韩效钊, 陆亚玲, 等. 硫酸分解钾长石的探讨 [J]. 安徽化工, 2011, 37 (1): 37-39.

[101] 兰方青, 旷戈. 钾长石-萤石-硫酸-氟硅酸体系提钾工艺研究 [J]. 化工生产与技术, 2011, 18 (1): 19-21.

[102] 郑大中. 用绿豆岩制钾肥及其综合利用浅析兼论含钾磷岩石开发利用的可行性 [J]. 四川化工与腐蚀控制, 1998 (1): 4-9.

[103] 卢新宇, 仇普文. 气相法白炭黑的生产、应用及市场分析 [J]. 氯碱工业, 2002, 4 (4): 1-4.

[104] 周良玉, 尹荔松. 白炭黑的制备、表面改性及应用研究进展 [J]. 材料学导报, 2003, 17 (11): 56-59.

[105] 熊剑. 沉淀白炭黑的生成机理 [J]. 江西化工, 2004 (2): 31-33.

[106] 宁延生. 我国沉淀二氧化硅生产技术 [J]. 无机盐工业, 1999 (2): 26-27.

[107] 樊俊秀. 碳化法生产白炭黑的工程分析 [J]. 无机盐工业, 1986 (2): 12-15.

[108] 李素英, 钱海燕. 白炭黑的制备与应用现状 [J]. 无机盐工业, 2008, 40 (1): 8-10.

[109] 谭鑫, 钟宏. 白炭黑的制备研究进展 [J]. 化工技术与开发, 2010, 39 (7): 25-29.

[110] 王君, 李芬, 吉小利, 等. 白炭黑制备及其表面改性研究 [J]. 非金属矿, 2004, 27 (2): 38-40.

[111] 蒋红华, 王亚纳, 王帅, 等. 高性能白炭黑的制备方法 [J]. 化工生产与技术, 2020, 26 (2): 17-20.

[112] 陆杰芬. 冷浸-氟硅酸钾法测定矿石中的二氧化硅 [J]. 矿产与地质, 2002, 16 (5): 316-317.

[113] 王宝君, 张培萍, 李书法, 等. 白炭黑的应用与制备方法 [J]. 世界地质, 2006, 25 (1): 100-105.

[114] 武灵杰, 潘守华, 齐雪琴, 等. 白炭黑生产工艺现状及发展前景 [J]. 科技情报开发及经济, 2003, 13 (7): 97-98.

[115] 周良玉, 尹荔松. 白炭黑的制备、表面改性及应用研究进展 [J]. 材料学导报, 2003, 17 (11): 56-59.

[116] 赵光磊. 超重力硫酸沉淀法白炭黑的连续化生产研究 [D]. 北京: 北京化工大学, 2009.

[117] 刘海弟, 贾宏, 郭奋, 等. 超重力反应法制备白炭黑的研究 [J]. 无机盐工业, 2003, 3 (51): 13-15.

[118] 崔益顺. 沉淀二氧化硅表面改性工艺条件优化 [J]. 无机盐工业, 2009, 41 (1): 24-25, 28.

[119] 李清海, 翟玉春, 田彦文, 等. 沉淀法与研磨法制备二氧化硅微粉的比较 [J]. 材料与冶金学报, 2004, 3 (1): 43-44.

[120] 杨长丕, 赵利启, 程米亮, 等. 沉淀法制备纳米二氧化硅的工艺条件优化 [J]. 化工设

计通讯，2021，47（7）：69，81.

[121] 李素英，钱海燕，叶旭初. 液相沉淀法制备超细白炭黑的改性研究 [J]. 材料导报，2007，21（7）：269-271.

[122] 杨本意，段先健，李仕华，等. 气相法白炭黑的应用技术 [J]. 有机硅材料，2003，17（4）：28-32.

[123] 杨波，何慧，周扬波，等. 气相法白炭黑的研究进展 [J]. 化工进展，2005，24（4）：372-377.

[124] 张桂华，王玉瑛. 国内外气相法白炭黑的生产及市场分析 [J]. 无机盐工业，2004，36（5）：11-13.

[125] 李远志，罗光富，杨昌英，等. 利用磷肥厂副产四氟化硅进一步直接生产纳米二氧化硅 [J]. 三峡大学学报，2002，2（45）：474-476.

[126] 郭晓研. 气相法白炭黑的生产与应用 [J]. 科技成果纵横，2004（4）：48.

[127] 赵宜新，杨海昆. 气相法白炭黑产业现状及市场需求 [J]. 上海化工，2001（10）：19-22.

[128] TANG Q, WANG T. Preparation of silica aerogel from rice hull ash by supercritical carbon dioxide drying [J]. The Journal of Supercritical Fluids, 2005, 35 (1): 91-94.

[129] ESPARZA J M, OJEDA M L, CAMPERO A, et al. Development and sorption characterization of some model mesoporous and microporous silica adsorbents [J]. Journal of Molecular Catalysis A: Chemical, 2005, 228 (1/2): 97-110.

[130] KALKAN E, AKBULUT S. The positive effects of silica fume on the permeability, Swelling pressure and compressive strength of natural clay liner [J]. Engineering Geology, 2004 (73): 145-156.

[131] MU W N, ZHAI Y C. Desiliconization kinetics of nickeliferous laterite ores in molten sodium hydroxide system [J]. Transactions of Nonferrous Metals Society of China, 2010, (20): 330-335.

[132] WANG R C, ZHAI Y C, NING Z Q, et al. Kinetics of SiO_2 leaching from Al_2O_3 extracted slag of fly ash with sodium hydroxide solution [J]. Transactions of Nonferrous Metals Society of China, 2014, (24): 1928-1936.

[133] MU W N, ZHAI Y C, LIU Y. Extraction of silicon from laterite-nickel ore by molten alkali [J]. The Chinese Journal of Nonferrous Metals, 2009, 19 (3): 330-335.

[134] 宋丽贤，宋英泽，丁涌，等. 粒径可控纳米白炭黑的制备 [J]. 人工晶体学报，2013，42（9）：1950-1954.

[135] 王艳玲，王佼. 白炭黑表面改性的研究现状 [J]. 中国非金属矿工业导刊，2006，29（5）：12-14.

[136] 中华人民共和国工业和信息化部. HG/T 3061-2009 橡胶配合剂沉淀水合二氧化硅 [S]. 北京：化学工业出版社，2010.

[137] 白峰，马洪文，章西焕. 利用钾长石粉水热合成13X沸石分子筛的实验研究 [J]. 矿物岩石地球化学通报，2004，23（1）：10-14.

[138] 王元龙，邢慧．新疆阿尔泰钾长石矿物学特征及开发利用［J］．矿产与地质，1997，4（2）：119-124.

[139] 云泽拥，宁延生，朱春雨，等．影响白炭黑产品稳定性的控制因素分析［J］．无机盐工艺，2005，37（8）：30-41.

[140] 黄其兴．镍冶金学［M］．北京：中国科学技术出版社，1990：10-12.

[141] 帅国权．金川有色金属公司镍冶金技术进步及发展趋势［J］．有色冶炼，1999，28：10-11.

[142] 狄永浩，戴瑞，郑水林．蛇纹石资源综合利用研究进展［J］．中国非金属矿工业导刊，2011，2：7-10.

[143] 卢继美，黄万抚．略论蛇纹石矿的综合利用［J］．江西有色金属，1992，6（2）：82-87.

[144] 彭容秋．镍冶金［M］．长沙：中南大学出版社，2005：4.

[145] 陈庆根．氧化镍矿资源开发与利用现状［J］．湿法冶金，2008，27（1）：7-9.

[146] 李小明，唐琳，刘仕良．红土镍矿处理工艺探讨［J］．铁合金，2007（4）：24-28.

[147] BERGMAN R A. Nickel product ion from low-iron laterite ores：process deacriptions［J］. CIM Bulletin，2003（1072）：127-138.

[148] 李建华，程威，肖志海．红土镍矿处理工艺综述［J］．湿法冶金，2004（4）：191-194.

[149] 周晓文，张建春，罗仙平．从红土镍矿中提取镍的技术研究现状及展望［J］．四川有色金属，2008（1）：18-22.

[150] 何焕华．氧化镍矿处理工艺述评［J］．中国有色冶金，2004，6：1-15.

[151] 杨博，张振忠，赵芳霞．蛇纹石综合利用现状及发展趋势［J］．材料导报，2010（24）：381-384.

[152] 翟玉春，刘喜海，徐家振．现代冶金学［M］．北京：电子工业出版社，2001：234.

[153] 毕诗文，杨毅宏，李殿峰，等．铝土矿的拜耳法溶出［M］．北京：冶金工业出版社，1996：12.

[154] 崔萍萍，黄肇敏，周素莲．我国铝土矿资源综述［J］．轻金属，2008（2）：7.

[155] 刘中凡，杜雅君．我国铝土资源综合分析［J］．轻金属，2000（12）：8-12.

[156] 范正林，马苗卉．我国铝土资源可持续开发的对策建议［J］．国土资源，2009（11）：54-56.

[157] 顾松青．我国的铝土资源和高效低耗的氧化铝生产技术［J］．中国有色金属学报，2004（14）：91-97.

[158] 张伦和．合理开发利用资源实现可持续发展［J］．中国有色金属，2009（5）：25-29.

[159] 罗建川．基于铝土资源全球化的我国工业发展战略研究［D］．湖南：中南大学，2006.

[160] 杨纪倩．我国铝土矿与氧化铝生产的现状与讨论［J］．世界有色金属，2006（11）：17-20.

[161] LI X B，LV W J，LIU G H，et al. An activity coefficients calculation model for NaAl（OH)$_4$-NaOH-H$_2$O system［J］. Transaction of Nonferrous Metals Society of China，2005，15（4）：908-912.

[162] CHEN Z C，DUNCAN S，CHAMWLA K K，et al. Characterization of interfacial reaction

products in alumina fiber/barium zircon ate costing/alumina matrix composite [J]. Materials Characterization, 2002 (48): 305-314.

[163] 李殷泰, 毕诗文, 段振瀛, 等. 关于广西贵港三水铝石型铝土矿综合利用工艺方案的探讨 [J]. 轻金属, 1992 (9): 6-14.

[164] 黄彦林, 赵军伟. 我国三水铝土矿资源的综合利用研究 [J]. 中国矿业, 2000, 9 (5): 39-41.

[165] 张家增. 中国铝工业发展历程与发展趋势 [J]. 中国有色金属学会第五届学术年会论文集, 2003 (8): 40-42.

[166] PLUNKERT P A. Bauxite and Alumina Mineral Commodity Summaries [M]. USA: US Geological Survey Minerals Yearbook, 2003.

[167] ERIC L, BERNARD B, ODYSSEAS K. Alumina production from diasporie bauxites [J]. Light Metals, The Minerals, Material Society, 1999: 55-61.

[168] 牟文宁, 翟玉春, 石双志. 硫酸浸出法提取铝土矿中氧化铝研究 [J]. 矿产综合利用, 2008, 3: 19-20.

[169] BURMESTER H. Aluminium-herausforderng and perspektiven [J]. Erzrnetall, 2000, 53 (10): 629-636.

[170] CAPRON T L. An evaluation of alternative bauxites for Kaiser's baye plant in gramercy louisiana [J]. Light Metals, The Minerals, Metal & Material Society, 1998: 11-14.

[171] SEIDEL A, ZIMMELS Y. Mechanism and kinertics of alluminum and iron leaching from coal fly ash by sulfuric acid [J]. Chemical Engineering Science, 1998, 53 (22): 3835-3852.

[172] REDDY B R, MISHRE S K, BANERJEE G N. Kintics of leaching of a gibbsititic bauxite with hydrochloric acid [J]. Hydrometallurgy, 1999 (51): 131-138.

[173] 崔益顺, 梁玉祥, 角兴敏. 铝土矿制备硫酸铝的初步研究 [J]. 四川化工与腐蚀控制, 2000, 6 (3): 14-18.

[174] 童秋桃, 朱高远, 肖奇. 铝土矿选矿尾矿酸法提铝除铁实验研究 [J]. 湖南有色金属, 2012, 28 (1): 21-24.

[175] 韩效钊, 徐超. 高岭土酸溶法制备硫酸铝和铵明矾的研究 [J]. 非金属矿, 2002, 25 (5): 265-271.

[176] 方正东, 汪敦佳. 铝土矿加压法生产硫酸铝的工艺研究 [J]. 矿物学报, 2004, 24 (3): 257-260.

[177] 康文通, 李小云, 李建军, 等. 以铝灰为原料生产硫酸铝新工艺 [J]. 四川化工与腐蚀控制, 2000, 5 (3): 17-18.

[178] LI X B, LI W J, LIU G H, et al. An activity coefficients calculation model for NaAl(OH)$_4$-NaOH-H$_2$O system [J]. Transaction of Nonferrous Metals Society of China, 2005, 15 (4): 908-912.

[179] PARAMGURU R K, RATH P C, MISRA V N. Trends in red mud utilization a review [J]. Mineral Processing and Extractive Metallurgy Review, 2004, 26 (1): 1-29.

[180] CENGELOGLU Y, KIR E, ERSOZ M. Recovery and concentration of Al (Ⅲ), Fe (Ⅲ), Ti

（Ⅳ），and Na（Ⅰ）from red mud ［J］. Journal of Colloid and Interface Science, 2001, 244 （2）: 342-346.

［181］ ZWINGMANN N, JONES A J, Dye S, et al. A method to concentrate boehmite in bauxite by dissolution of gibbsite and iron oxides ［J］. Hydrometallurgy, 2009, 97: 80-85.

［182］ SAYAN E, BAYRAMOGLU M. Statistical modelling of sulphuric acid leaching of TiO_2, Fe_2O_3 and Al_2O_3 from red mud ［J］. Process Safety and Environmental Protection, 2001, 79（B5）: 291-296.

［183］ 王若超, 翟玉春. 硫酸氢铵焙烧粉煤灰提取氧化铝塑料溶出动力学 ［J］. 有色金属（冶炼部分）, 2013（9）: 22-25.

［184］ FASS R, GEVA J, SHALITA Z P, et al. Bioleaching for recovery of metal values from coal fly ash using thiobaeillus strains ［J］. Israel Eleetrie Corp Isreal, Can Pat Appl, 1993: 15-18.

［185］ 侯炳毅. 氧化铝生产方法简介 ［J］. 金属世界, 2004（1）: 12-15.

［186］ 于广河, 何凌燕. 用盐酸法从煤矸石中提取氧化铝 ［J］. 化学世界, 1996（1）: 1.

［187］ 史金东, 刘义伦. 我国氧化铝工业可持续发展问题的思考 ［J］. 轻金属, 2006（11）: 3-7.

［188］ 梅贤恭, 袁明亮, 陈荩. 某三水型铝铁复合矿综合开发利用新工艺研 ［J］. 1994（5）: 13-15.

［189］ 付高峰, 程涛, 陈宝民. 氧化铝生产知识问答 ［M］. 北京: 冶金工业出版社, 2007: 2-4.

［190］ 杨重愚. 轻金属冶金学 ［M］. 北京: 冶金工业出版社, 2004: 12.

［191］ 李昊. 中国铝土矿资源产业可持续发展研究 ［D］. 北京: 中国地质大学, 2010.

［192］ 郑典模, 孙曰圣, 蒋柏泉. 含氯化亚铁母液制氧化铁红的研究 ［J］. 南昌大学学报, 2001, 23（2）: 78-81.

［193］ 樊耀亭, 樊玉兰, 吕秉玲. 透明氧化铁颜料的制备 ［J］. 现代化工, 1996（6）: 28-30.

［194］ 夏曙蕾. 国外合成氧化铁颜料的发展概况 ［J］. 涂料工业, 1981（2）: 42-45.

［195］ 何苏萍, 高情, 余晓婷, 等. 氧化铁红的制备方法及其在涂料中的应用 ［J］. 化工生产与技术, 2011（1）: 25-27.

［196］ 李云, 崔其磊. 铁泥湿法制备氧化铁红 ［J］. 沈阳化工学院学报, 2008（2）: 56-57.

［197］ 孙德慧, 张吉良. 氧化铁红制备工艺进展 ［J］. 贵州化工, 2000（3）: 35-41.

［198］ 林治华. 国内氧化铁产品的现状和发展趋势 ［J］. 中国涂料, 2008（10）: 11-14.

［199］ 吴展阳. 氧化铁颜料市场 ［J］. 广西化工, 1997（1）: 46-49.

［200］ 陈家镛. 湿法冶金原理 ［M］. 北京: 冶金工业出版社, 2005: 721-725.

［201］ 梅光贵. 湿法炼锌学 ［M］. 长沙: 中南大学出版社, 2001: 1-10.

［202］ 彭容秋. 锌冶金 ［M］. 长沙: 中南大学出版社, 2005: 2.

［203］ 李勇, 王吉坤, 任占誉. 氧化锌矿处理的研究现状 ［J］. 矿冶, 2009（2）: 57-63.

［204］ 蒋明华. 兰坪低品位氧化铅锌矿矿冶新工艺研究 ［D］. 昆明: 昆明理工大学, 2007.

［205］ 王洪岭. 氧化锌浮选的新型捕收剂研究 ［D］. 长沙: 中南大学, 2010.

［206］ 王资. 氧化锌矿浮选研究现状 ［J］. 昆明冶金高等专科学校学报, 1997,（3）: 20-26.

[207] 段秀梅，罗琳．氧化锌矿浮选研究现状评述［J］．矿冶，2000，（4）：47-51.

[208] 石道民，杨敖．氧化铅锌矿的浮选［M］．昆明：云南科技出版社，1996：1-20.

[209] 罗云波，石云良，刘苗华．氧化锌矿浮选研究现状与进展［J］．铜业工程，2013（4）：21-25.

[210] 宋龑，刘全军，常富强．氧化锌矿的浮选现状与研究进展［J］．矿冶，2012（2）：19-22.

[211] 刘洋，胡显智，魏志聪．氧化锌矿浮选药剂研究概况［J］．矿产保护与利用，2011（1）：51-55.

[212] 张心平．氧化铅锌矿石浮选新药剂的应用研究［J］．矿冶，1996（3）：40-45.

[213] IRANNAJAD M, EJTEMAEI M, GHARABAGHI M. The effect of reagents on selective flotation of smithsonite-calcite-quartz ［J］. Minerals Engineering, 2009, 22（9/10）: 766-771.

[214] 张覃，唐云．氧化锌矿石活化浮选行为的观察［J］．贵州工业大学学报，1998（3）：91-93.

[215] 薛玉兰，王淀佐，叶秉瑞，等．黄药在铅锌铁硫化矿浮选流程中的分布与浮选效果—药剂分布流程图的研究与应用［J］．中南矿冶学院学报，1994（6）：691-695.

[216] 王福良，罗思岗，孙传尧．利用分子力学分析黄药浮选未活化菱锌矿的浮选行为［J］．有色金属，2008（4）：43-47.

[217] 浦永林．黄药取代丁基黄药选锌工艺的研究与实践［J］．有色矿山，1999（4）：19-21.

[218] H·霍森尼，王海亮，童雄．用戊基钾黄药和己硫醇浮选菱锌矿［J］．国外金属矿选矿，2007（3）：32-36.

[219] 谭欣，李长根．螯合捕收剂 CF 对氧化铅锌矿捕收性能初探［J］．有色金属，2002（4）：31-36.

[220] 王洪岭．氧化锌矿浮选工艺及捕收剂研究现状［J］．铜业工程，2011（4）：12-16.

[221] 胡岳华，徐竞．菱锌矿/方解石胺浮选溶液化学研究［J］．中南工业大学学报，1995，26（5）：589-594.

[222] MASSACCI P, RECINELLA M, PIGA L. Factorial experiments for selective leaching of zinc sulphide in ferric sulphate media ［J］. International Journal of Mineral Processing, 1998, 53（4）: 213-224.

[223] JANUSZ W, SZYMULA M, SZCZYPA J. Flotation of synthetic zinc carbonate using potassium ethylxanthate ［J］. International Journal of Mineral Processing, 1983, 11（2）: 79-88.

[224] 巫銮东，于润存．氧化锌浮选研究进展［J］．采矿技术，2008（6）：96-98.

[225] 汪伦，冷娥，毕兆鸿．有机螯合剂在氧化锌矿浮选中的应用研究［J］．昆明理工大学学报，1998（2）：27-30.

[226] EJTEMAEI M, GHARABAGHI M, IRANNAJAD M. A review of zinc oxide mineral beneficiation using flotation method ［J］. Advances in Colloid and Interface Science, 2014, 206: 68-78.

[227] 黄承波，魏宗武，林美群．云南某氧化铅锌矿选矿试验研究［J］．中国矿业，2010

(5)：75-77.

[228] 王宏菊，刘全军，皇甫明柱．越南某氧化锌矿浮选试验研究［J］．矿冶，2010，19（2）：28-30.

[229] 杨柳毅，章晓林，李明晓．兰坪低品位氧化锌矿脱泥浮选新工艺试验研究［J］．矿冶，2012，21（1）：4-7.

[230] KIERSZNICKI T, MAJEWSKI J, MZYK J. 5-alkylsalicylaldoximes as collectors in flotation of sphalerite, smithsonite and dolomite in a Hallimond tube［J］. International Journal of Mineral Processing, 1981, 7（4）：311-318.

[231] 罗琳．微细粒氧化铅锌矿复合活化疏水聚团浮选分离新工艺［J］．国外金属选矿，2000，37（12）：7-9.

[232] 周怡玫，严志明，汤小军．尾矿中回收氧化锌的选矿工艺研究［J］．有色金属（选矿部分），2008（1）：11-15.

[233] 刘万峰，董干国，孙志健．河北某铁锌矿石选矿试验研究［J］．有色金属（选矿部分），2009（6）：31-35.

[234] 王少东，乔吉波．四川某高铁氧化铅锌矿选矿工艺研究［J］．云南冶金，2011，40（3）：12-18.

[235] 魏志聪．极低品位高钙氧化锌矿"冶—选"新技术的基础研究［D］．昆明：昆明理工大学，2011.

[236] 杨大锦．湿法提锌工艺与技术［M］．北京：冶金工业出版社，2006：5-20.

[237] 朱子宗，沈勇玲．用铁浴法分离高炉炉尘中的铅和锌［J］．钢铁研究学报，2002，14（6）：1-5.

[238] 郭兴忠，马鸿鹄．氧化锌矿火法处理新工艺-铁浴熔融还原法［J］．有色冶炼，2002，31（2）：18-22.

[239] 郭兴忠，张丙怀，阳海彬．含碳氧化锌球团还原的动力学［J］．重庆大学学报（自然科学版），2002，25（5）：86-88.

[240] 郭兴忠，张丙怀，阳海彬，等．熔融还原处理低品位氧化锌矿的研究［J］．矿冶工程，2003，23（1）：57-60.

[241] 韩昭炎．氧化锌矿生产氧化锌的实践［J］．有色金属（冶炼部分），1988（4）：7-10.

[242] 陈世明，瞿开流．兰坪氧化锌矿石处理方法探讨［J］．云南冶金，1998，27（5）：31-35.

[243] 李时晨，朱玉芹．回转窑高温还原挥发处理难选低品位氧化锌矿［J］．云南冶金（县乡矿业版），1992（4）：13-15.

[244] PEEK E, WEERT U V. Volatilization of zinc from franklinite ore in a HCl/H$_2$O pyrohydrolytic atmosphere［J］. Mineral Processing and Extractive Metullargy Review, 1995, 15（1/2/3/4）：203.

[245] 黄柱成，郭宇峰．浸锌渣回转窑烟化法及镓的富集回收［J］．中国资源综合利用，2002（6）：13-15.

[246] 孙月强．回转窑处理氧化锌矿研究［J］．工程设计与研究，2000，108：4-6.

[247] 王秋林，余永富，陈雯. 低品位菱铁矿回转窑焙烧的正交试验研究 [J]. 矿冶工程，2005，25（2）：23-24.

[248] 梁杰，王华. 低品位氧化铅锌矿的烟化法富集工艺 [J]. 有色金属（冶炼部分），2005（4）：5-7.

[249] 包崇军，吴红林. 压密锌渣烟化炉连续吹炼的工业试验 [J]. 云南冶金，2007，36（2）：62-65.

[250] 李时晨. 电炉炼锌 [J]. 云锡科技，1995，22（3）：23-31.

[251] 沙涛. 密闭式矿热电炉生产锌粉工艺及应用 [J]. 有色金属（冶炼部分），2007（6）：50-52.

[252] 王斌，王晓红，解集义. 炼锌电炉冷凝设备的改进 [J]. 有色冶炼，2006，34（6）：54-56.

[253] 陈德喜，段力强. 我国电炉炼锌工艺的技术进步与发展 [J]. 有色金属（冶炼部分），2003（2）：20-23.

[254] 振岭. 电炉炼锌 [M]. 北京：冶金工业出版社，2001：1-20.

[255] 刘永成，戴永年. 真空蒸馏在锌回收中的应用 [J]. 昆明理工大学学报，1996，21（6）：16-20.

[256] 熊秦. 真空冶炼氧化锌矿生产工艺：CN1814832A [P]. 2006-08-09.

[257] 陈爱良，赵中伟，贾希俊. 氧化锌矿综合利用现状与展望 [J]. 矿冶工程，2008，28（6）：62-66.

[258] ZEYDABADI A B, MOWLA D, SHARIAT M H, et al. Zinc recovery from blast furnace flue dust [J]. Hydrometallurgy, 1997, 47 (1): 113-125.

[259] 窦爱春. 碱性亚氨基二乙酸盐体系处理低品位氧化锌矿的基础理论及工艺研究 [D]. 长沙：中南大学，2012.

[260] XU H, WEI C, LI C. Leaching of a complex sulfidic, silicate-containing zinc ore in sulfuric acid solution under oxygen pressure [J]. Separation and Purification Technology, 2012, 85 (2): 206-212.

[261] SOUZA A D, PINA P S, SANTOS F M F, et al. Effect of iron in zinc silicate concentrate on leaching with sulphuric acid [J]. Hydrometallurgy, 2009, 95 (3/4): 207-214.

[262] QIN W Q, LI W Z, LAN Z Y, et al. Simulated small-scale pilot plant heap leaching of low-grade oxide zinc ore with integrated selective extraction of zinc [J]. Minerals Engineering, 2007, 20 (7): 694-700.

[263] OUSTADAKIS P, TSAKIRIDIS P E, KATSIAPI A, et al. Hydrometallurgical process for zinc recovery from electric arc furnace dust (EAFD) Part I : Characterization and leaching by diluted sulphuric acid [J]. Journal of Hazardous Materials, 2010, 179 (1/2/3): 1-7.

[264] MORADI S, MONHEMIUS A J. Mixed sulphide-oxide lead and zinc ores: Problems and solutions [J]. Minerals Engineering, 2011, 24 (10): 1062-1076.

[265] MONTENEGRO V, OUSTADAKIS P, TSAKIRIDIS P E, et al. Hydrometallurgical treatment of steelmaking electric arc furnace dusts (EAFD) [J]. Metallurgical and Materials Transactions B-

Process Metallurgy and Materials Processing Science, 2013, 44（5）：1058-1069.

［266］HE S, WANG J, YAN J. Pressure leaching of synthetic zinc silicate in sulfuric acid medium ［J］. Hydrometallurgy, 2011, 108（3/4）：171-176.

［267］ESPIARI S, RASHCHI F, SADRNEZHAD S K. Hydrometallurgical treatment of tailings with high zinc content ［J］. Hydrometallurgy, 2006, 82（1/2）：54-62.

［268］BODAS M G. Hydrometallurgical treatment of zinc silicate ore from Thailand ［J］. Hydrometallurgy, 1996, 40（1/2）：37-49.

［269］ABDEL-AAL E A. Kinetics of sulfuric acid leaching of low-grade zinc silicate ore［J］. Hydrometallurgy, 2000, 55（3）：247-254.

［270］翟玉春. 现代冶金学 ［M］. 北京：电子工业出版社，2005：37-403.

［271］刘红卫. 低品位氧化锌矿湿法冶金新工艺研究 ［D］. 长沙：中南大学，2004.

［272］李存兄. 低品位氧化锌矿元素硫水热硫化应用基础研究 ［D］. 昆明：昆明理工大学，2012.

［273］石玉桥，梁杰，张爽. 微波处理低品位氧化铅锌矿 ［J］. 有色金属（冶炼部分），2013（6）：15-17.

［274］林祚彦. 高硅氧化锌矿硫酸浸出的工艺及机理研究 ［J］. 有色金属（冶炼部分），2003（5）：9-11.

［275］陈晨，周云，薛玉权. 微波加热含锌粉尘的物相形貌特征及还原过程研究 ［J］. 安徽工业大学学报（自然科学版），2013，30（4）：368-373.

［276］KIM E, CHO S, LEE J. Kinetics of the reactions of carbon containing zinc oxide composites under microwave irradiation ［J］. Metals and Materials International, 2009, 15（6）：1033-1037.

［277］HUA Y, LIN Z, YAN Z. Application of microwave irradiation to quick leach of zinc silicate ore ［J］. Minerals Engineering, 2002, 15（6）：451-456.

［278］杨秀丽，魏昶. 某难处理高硅氧化锌矿加压酸浸工艺 ［J］. 矿冶工程，2009，29（5）：65-69.

［279］王吉坤，彭建蓉，杨大锦. 高铟高铁闪锌矿加压酸浸工艺研究 ［J］. 有色金属（冶炼部分），2006（2）：30-32.

［280］李存兄，魏昶，樊刚. 高硅氧化锌矿加压酸浸处理 ［J］. 中国有色金属学报，2009，19（9）：1678-1683.

［281］贺山明，王吉坤，阎江峰. 高硅氧化铅锌矿加压酸浸中锌的浸出动力学 ［J］. 有色冶炼，2011（1）：63-66.

［282］贺山明，王吉坤，闫江峰. 氧化铅锌矿加压酸浸试验研究 ［J］. 湿法冶金，2010，29（3）：159-162.

［283］贺山明，王吉坤，彭建蓉. 高硅氧化锌矿加压酸浸中硅的行为研究 ［J］. 有色金属（冶炼部分），2010（6）：9-12.

［284］徐斌，杨俊奎，钟宏. 高硅氧化锌矿浸出工艺的研究 ［J］. 昆明理工大学学报，2010，35（5）：10-14.

[285] 刘红卫，蔡江松，王红军. 低品位氧化锌矿湿法冶金新工艺研究 [J]. 有色金属（冶炼部分），2005 (5)：29-31.

[286] 李岩，杨丽梅，徐政. 某含锌烟尘中性-酸性两段浸出试验 [J]. 金属矿山，2013 (2)：164-168.

[287] 杨大锦，谢刚，贾云芝. 低品位氧化锌矿堆浸实验研究 [J]. 过程工程学报，2006，6 (1)：59-62.

[288] 杨龙. 溶剂萃取-传统湿法炼锌工艺联合处理氧化锌矿 [J]. 有色冶炼，2007 (4)：16-18，62.

[289] 沈庆峰，杨显万，舒毓璋. 用溶剂萃取法从氧化锌矿浸出渣中回收锌 [J]. 有色冶炼，2006 (5)：24-26.

[290] 刘淑芬，杨声海，陈永明. 从高炉瓦斯泥中湿法回收锌的新工艺（Ⅱ）：溶剂萃取及电积 [J]. 湿法冶金，2012，31 (3)：155-159.

[291] 李晓伟. 湿法冶金中锌的萃取工艺研究进展 [J]. 化学工程与装备，2012，(9)：143-148.

[292] VAHIDI E, RASHCHI F, MORADKHANI D. Recovery of zinc from an industrial zinc leach residue by solvent extraction using D2EHPA [J]. Minerals Engineering, 2009, 22 (2)：204-206.

[293] LONG H Z, CHAI L Y, QIN W Q, et al. Solvent extraction of zinc from zinc sulfate solution [J]. Journal of Central South University of Technology, 2010, 17 (4)：760-764.

[294] LIU Y, HUANG Z, QIN Q. Study on recovering copper and zinc from slag by process of acid leaching and solvent extraction [J]. Mining and Metallurgical Engineering, 2012, 32 (2)：76-79.

[295] DEEP A, DE CARVALHO J M R. Review on the recent developments in the solvent extraction of zinc [J]. Solvent Extraction and Ion Exchange, 2008, 26 (4)：375-404.

[296] HARVEY T G. The hydrometallurgical extraction of zinc by ammonium carbonate：A review of the Schnabel process [J]. Mineral Processing and Extractive Metallurgy Review, 2006, 27 (4)：231-279.

[297] MOGHADDAM J, SARRAF-MAMOORY R, YAMINI Y, et al. Determination of the optimum conditions for the leaching of nonsulfide zinc ores（High-SiO_2）in ammonium carbonate media [J]. Industrial & Engineering Chemistry Research, 2005, 44 (24)：8952-8958.

[298] MOGHADDAM J, SARRAF-MAMOORY R, ABDOLLAHY M, et al. Purification of zinc ammoniacal leaching solution by cementation：Determination of optimum process conditions with experimental design by Taguchi's method [J]. Separation and Purification Technology, 2006, 51 (2)：157-164.

[299] MOGHADDAM J, GHAFFARI S B, SARRAF-MAMOORY R, et al. The study on the crystallization conditions of Zn-5(OH)(6)(CO_3) and its effect on precipitation of ZnO nanoparticles from purified zinc ammoniacal solution [J]. Synthesis and Reactivity in Inovganic, Metal-Organic, and Nano-Metal Chemistry, 2014, 44 (6)：895-901.

[300] 李红超，欧阳成，王忠兵. NH_3-NH_4HCO_3-H_2O 体系浸出钢铁厂含锌烟灰 [J]. 有色冶炼，2011 (2)：64-67.

[301] 魏志聪，方建军. 低品位氧化锌矿石氨浸工艺影响因素研究 [J]. 矿冶，2011，20 (4)：70-72.

[302] 魏志聪，方建军，刘殿文. 低品位氧化锌矿在 NH_3-NH_4HCO_3-H_2O 体系中的浸出动力学研究（英文）[J]. 昆明理工大学学报（自然科学版），2012，37 (1)：11-15.

[303] 张保平，杨芳. 氨法处理高炉瓦斯灰制取等级氧化锌研究 [J]. 武汉科技大学学报，2014 (2)：125-129.

[304] 唐谟堂，张鹏，何静. $Zn(\text{II})$-$(NH_4)_2SO_4$-H_2O 体系浸出锌烟尘 [J]. 中南大学学报，2007，36 (5)：867-872.

[305] 宋丹娜，张鹏，唐谟堂. $Zn(\text{II})$-$(NH_4)_2SO_4$-H_2O 体系中锌的电积 [J]. 有色金属，2011，63 (1)：81-84.

[306] FENG L Y, YANG X W, SHEN Q F, et al. Pelletizing and alkaline leaching of powdery low grade zinc oxide ores [J]. Hydrometallurgy, 2007, 89 (3/4): 305-310.

[307] 冯林永，杨显万，沈庆峰. 低品位氧化锌粉矿制粒及碱性浸出 [J]. 有色金属（冶炼部分），2008 (3)：12-15.

[308] 刘智勇，刘志宏，曹志阎. 硅锌矿在 $(NH_4)_2SO_4$-NH_3-H_2O 体系中的浸出机理 [J]. 中国有色金属学报，2011，21 (11)：2929-2935.

[309] LIU Z Y, LIU Z H, LI Q, et al. Dissolution behavior of willemite in the $(NH_4)_2SO_4$-NH_3-H_2O system [J]. Hydrometallurgy, 2012, 125-126: 50-54.

[310] 刘志宏，曹志阎，刘智勇. 硅锌矿在 $(NH_4)_2SO_4$-NH_3-H_2O 体系中高液固比下的浸出动力学 [J]. 中南大学学报，2012，43 (2)：418-423.

[311] LIMPO J L, LUIS A, CRISTINA M C. Hydrolysis of zinc-chloride in aqueous ammoniacal ammonium-chloride solutions [J]. Hydrometallurgy, 1995, 38 (3): 235-243.

[312] LIMPO J L, FIGUEIREDO J M, AMER S, et al. The CENIM-LNETI process: a new process for the hydrometallurgical treatment of complex sulphides in ammonium chloride solutions [J]. Hydrometallurgy, 1992, 28 (2): 149-161.

[313] LIMPO J L. Oxidizing leaching of complex sulphides in ammonium chloride: sphalerite leaching kinetics [J]. Revista De Metalurgia, 1997, 33 (4): 258-270.

[314] GOMEZ C, LIMPO J L, DELUIS A, et al. Hydrometallurgy of bulk concentrates of Spanish complex sulphides: Chemical and bacterial leaching [J]. Canadian Metallurgical Quarterly, 1997, 36 (1): 15-23.

[315] CORREIA M J N, CARVALHO J R, MONHEMIUS A J. Study of the autoclave leaching of a tetrahedrite concentrate [J]. Minerals Engineering, 1993, 6 (11): 1117-1125.

[316] AMER S, LUIS A. The extraction of zinc and other minor metals from concentrated ammonium chloride solutions with D2EHPA and Cyanex 272 [J]. Revista De Metalurgia, 1995, 31 (6): 351-360.

[317] AMER S, FIGUEIREDO J M, LUIS A. The recovery of zinc from the leach liquors of the

CENIM-LNETI process by solvent-extraction with di（-2-ethylhexyl）phosphoric-acid ［J］. Hydrometallurgy, 1995, 37（3）: 323-337.

［318］张兆祥. 用高浓氯化铵溶液处理复杂硫化矿的湿法冶金工艺［J］. 有色冶炼, 1994, （4）: 41-43, 56.

［319］OLPER M, WIAUX J P. EZINEX, the electrolytic process for zinc recovery from EAF flue dust ［J］. Revue De Metallurgie-Cahiers D Informations Techniques, 1998, 95（10）: 1231.

［320］杨声海. Zn（Ⅱ）-NH$_3$-NH$_4$Cl-H$_2$O 体系制备高纯锌理论及应用［D］. 长沙: 中南大学, 2003.

［321］张元福, 梁杰, 李谦. 铵盐法处理氧化锌矿的研究［J］. 贵州工业大学学报（自然科学版）, 2002, 31（1）: 37-41.

［322］张保平, 唐谟堂. NH$_4$Cl-NH$_3$-H$_2$O 体系浸出氧化锌矿［J］. 中南工业大学学报（自然科学版）, 2001, 32（5）: 483-486.

［323］杨声海, 李英念, 巨少华. 用 NH$_4$Cl 溶液浸出氧化锌矿石［J］. 湿法冶金, 2006, 25（4）: 179-182.

［324］王瑞祥. MACA 体系中处理低品位氧化锌矿制取电锌的理论与工艺研究［D］. 长沙: 中南大学, 2009.

［325］王瑞祥, 余攀, 曾斌. NH$_4$Cl-NH$_3$-H$_2$O 体系氧化锌矿柱浸试验研究［J］. 有色金属（冶炼部分）, 2013（11）: 4-6.

［326］王瑞祥, 唐谟堂, 刘维. NH$_4$Cl-NH$_3$-H$_2$O 体系浸出低品位氧化锌矿制取电锌［J］. 过程工程学报, 2008, 8（S1）: 219-222.

［327］WANG R X, TANG M T, YANG S H, et al. Leaching kinetics of low grade zinc oxide ore in NH$_3$-NH$_4$Cl-H$_2$O system［J］. Journal of Central South University of Technology, 2008, 15（5）: 679-683.

［328］BABAEI-DEHKORDI A, MOGHADDAM J, MOSTAFAEI A. An optimization study on the leaching of zinc cathode melting furnace slag in ammonium chloride by Taguchi design and synthesis of ZnO nanorods via precipitation methods［J］. Materials Research Bulletin, 2013, 48（10）: 4235-4247.

［329］张玉梅, 李洁, 陈启元. 超声波辐射低品位氧化锌矿氨浸行为的影响［J］. 中国有色金属学报, 2009, 19（5）: 960-966.

［330］曹琴园, 李洁, 陈启元. 机械活化对氧化锌矿碱法浸出及其物化性质的影响［J］. 过程工程学报, 2009, 9（4）: 669-675.

［331］唐谟堂, 张家靓, 王博. 低品位氧化锌矿在 MACA 体系中的循环浸出［J］. 中国有色金属学报, 2011, 21（1）: 214-219.

［332］夏志美, 杨声海, 唐谟堂. MACA 体系中循环浸出低品位氧化锌矿制备电解锌［J］. 中国有色金属学报, 2013, 23（12）: 3455-3461.

［333］丁治英, 尹周澜, 伍习飞. 锌硅酸盐矿物在氨性溶液中的浸出行为［C］. 北京: 中国有色金属学会, 2010: 117-122.

［334］YIN Z, DING Z, HU H, et al. Dissolution of zinc silicate（hemimorphite）with ammoniaammonium chloride solution［J］. Hydrometallurgy, 2010, 103（1/2/3/4）：215-220.

［335］DING Z, YIN Z, HU H, et al. Dissolution kinetics of zinc silicate（hemimorphite）in ammoniacal solution［J］. Hydrometallurgy, 2010, 104（2）：201-206.

［336］曹志阁. 硅锌矿在（NH₄）₂SO₄-NH₃-H₂O 体系浸出过程的研究［D］. 长沙：中南大学, 2011.

［337］FRENAY J. Leaching of oxidized zinc ores in various media［J］. Hydrometallurgy, 1985, 15（2）：243-253.

［338］NAGIB S, INOUE K. Recovery of lead and zinc from fly ash generated from municipal incineration plants by means of acid and/or alkaline leaching［J］. Hydrometallurgy, 2000, 56（3）：269-292.

［339］DUTRA A J B, PAIVA P R P, TAVARES L M. Alkaline leaching of zinc from electric arc furnace steel dust［J］. Minerals Engineering, 2006, 19（5）：478-485.

［340］ORHAN G. Leaching and cementation of heavy metals from electric arc furnace dust in alkaline medium［J］. Hydrometallurgy, 2005, 78（3/4）：236-245.

［341］YOUCAI Z, STANFORTH R. Integrated hydrometallurgical process for production of zinc from electric arc furnace dust in alkaline medium［J］. Journal of Hazardous Materials, 2000, 80（1/2/3）：223-240.

［342］张承龙, 郭翠香, 刘清. 含锌危险废物碱法浸出处理研究［J］. 铀矿冶, 2008, 27（1）：53-56.

［343］邱媛媛, 张承龙, 赵由才. 碱浸-电解锌工艺中杂质对锌电积的影响［J］. 有色金属, 2009, 61（3）：76-79.

［344］邱媛媛, 赵由才, 张承龙. 碱浸-电解锌工艺中含锌废渣的除氯研究［J］. 安全与环境学报, 2008, 8（1）：62-64.

［345］刘清, 招国栋, 赵由才. 碱浸-电解法制备金属锌粉新技术的工业应用［J］. 湿法冶金, 2010, 29（4）：273-276.

［346］LIU Q, ZHAO Y, ZHAO G. Production of zinc and lead concentrates from lean oxidized zinc ores by alkaline leaching followed by two-step precipitation using sulfides［J］. Hydrometallurgy, 2011, 110（1/2/3/4）：79-84.

［347］陈爱良, 赵中伟, 贾希俊. 高硅难选氧化锌矿中锌及伴生金属碱浸出研究［J］. 有色金属（冶炼部分）, 2009,（4）：6-9.

［348］CHEN A, ZHAO Z W, JIA X, et al. Alkaline leaching Zn and its concomitant metals from refractory hemimorphite zinc oxide ore［J］. Hydrometallurgy, 2009, 97（3/4）：228-232.

［349］SANTOS F M F, PINA P S, PORCARO P, et al. The kinetics of zinc silicate leaching in sodium hydroxide［J］. Hydrometallurgy, 2010, 102（1/2/3/4）：43-49.

［350］赵中伟, 龙双, 陈爱良. 难选高硅型氧化锌矿机械活化碱法浸出研究［J］. 中南大学学报, 2010, 41（4）：1246-1250.

［351］赵中伟, 贾希俊, 陈爱良. 氧化锌矿的碱浸出［J］. 中南大学学报, 2010, 41（1）：39-43.

[352] 彭容秋. 铅冶金 [M]. 长沙：中南大学出版社，2004：1-10.

[353] 汪振忠，柯昌美，王茜. 废铅酸蓄电池铅膏脱硫工艺的研究进展 [J]. 无机盐工业，2013，45（1）：60-62.

[354] 郭翠香. 碱浸-电解法从含铅废物和贫杂氧化铅矿中提取铅工艺及机理 [D]. 上海：同济大学，2008.

[355] 丁希楼，谢伟. 铅膏硫酸盐转化为碳酸盐的实验研究 [J]. 安徽化工，2011，37（4）：41-46.

[356] 俞小花，杨大锦，谢刚. 含硫酸铅物料的碳酸盐转化试验研究 [C]. 马鞍山：中国金属学会冶金过程物理化学学术委员会，2010：457-461.

[357] 俞小花. 复杂铜、铅、锌、银多金属硫化精矿综合回收利用研究 [D]. 长沙：昆明理工大学，2008.

[358] 齐美富，郑园芳，桂双林. 废铅酸蓄电池中铅膏氯盐体系浸取铅的动力学研究 [J]. 矿冶工程，2010，30（6）：61-64.

[359] 王玉，王刚，马成兵. 废铅蓄电池铅膏湿法回收制取氯化铅技术的研究 [J]. 安徽化工，2010，30（6）：24-27.

[360] 陈维平. 一种湿法回收废铅蓄电池填料的新技术 [J]. 湖南大学学报（自然科学版），1996，23（6）：112-117.

[361] FERRACIN L C, CHACON-SANHUEZA A E, DAVOGLIO R A, et al. Lead recovery from a typical Brazilian sludge of exhausted lead-acid batteries using an electrohydrometallurgical process [J]. Hydrometallurgy, 2002, 65 (2/3): 137-144.

[362] CHOUZADJIAN K A, RODEN S J, DAVIS G J, et al. Development of a process to produce lead oxide from Imperial smelting furnace copper/lead dross [J]. Hydrometallurgy, 1991, 26 (3): 347-359.

[363] 刘建明，段东平，钟莉. 高纯碳酸锶清洁生产国内外研究进展 [J]. 盐湖研究，2013，21（2）：66-72.

[364] MENG J, LIU G, ZHAO H, et al. Mechanism study on carbon reducing reaction in the preparation process of strontium carbonate ($SrCO_3$) [J]. Asia-Pacific Journal of Chemical Engineering, 2009, 4 (5): 586-589.

[365] 刘相果. 一步法制备高纯碳酸锶的研究 [J]. 无机盐工业，2004，36（4）：24-26.

[366] OWUSU G, LITZ J E. Water leaching of SrS and precipitation of $SrCO_3$ using carbon dioxide as the precipitating agent [J]. Hydrometallurgy, 2000, 57 (1): 23-29.

[367] BINGOL D, AYDOGAN S, GULTEKIN S S. Neural model for the leaching of celestite in sodium carbonate solution [J]. Chemical Engineering Journal, 2010, 165 (2): 617-624.

[368] 赵彬，徐莹，徐旺生. 湿法制备高纯超细碳酸锶的工艺研究 [J]. 无机盐工业，2007，39（12）：28-30.

[369] 李光辉，刘牡丹，黄武华. 天青石精矿制备碳酸锶工艺及其溶液化学机理 [J]. 中国有色金属学报，2007，17（3）：459-464.

[370] 刘鹏先，雷贞桂. 用酸法从菱锶矿制备碳酸锶 [J]. 化学世界，1990，（5）：202-203.

[371] 涂敏端. 粗碳酸锶精制新工艺的研究 [J]. 四川大学学报, 1999, 3 (5): 45-52.

[372] OBUT A, BALÁŽ P, GIRGIN i. Direct mechanochemical conversion of celestite to SrCO₃ [J]. Minerals Engineering, 2006, 19 (11): 1185-1190.

[373] ERDEMOGLU M, AYDOĞAN S, CANBAZOĞLU M. A kinetic study on the conversion of celestite (SrSO₄) to SrCO₃ by mechanochemical processing [J]. Hydrometallurgy, 2007, 86 (1/2): 1-5.

[374] SETOUDEH N, WELHAM N J, AZAMI S M. Dry mechanochemical conversion of SrSO₄ to SrCO₃ [J]. Journal of Alloys and Compounds, 2010, 492 (1/2): 389-391.

[375] BINGOL D, AYDOGAN S, BOZBAS S K. Production of SrCO₃ and (NH₄)₂SO₄ by the dry mechanochemical processing of celestite [J]. Journal of Industrial and Engineering Chemistry, 2012, 18 (2): 834-838.

[376] 汪镜亮. 世界主要钛白公司的现状及发展 [J]. 钛工业进展, 2000 (1): 12-15.

[377] 祖庸, 雷阎盈. 国内外钛白工业生产的现状与发展 [J]. 钛工业进展, 1994 (2): 54-58.

[378] 杨成砚, 黄文来, 王中礼, 等. 钛白粉材料历史、现状与发展 [J]. 现代化工, 2002, 22 (12): 5-9.

[379] 孙康. 钛提取冶金物理化学 [M]. 北京: 冶金工业出版社, 2001: 15-23.

[380] 何燕. 国内外钛白粉生产状况 [J]. 精细化工原料及中间体, 2009 (5): 28-32.

[381] 杨宗志. 世界钛白粉的进展概况 [J]. 现代涂料与涂装, 1995 (1): 21-25.

[382] 陈得彬. 硫酸法钛白粉使用生产问答 [M]. 北京: 化学工业出版社, 2009, 58-79.

[383] 逯福生, 何瑜, 郝斌. 世界钛工业现状及今后发展趋势 [J]. 钛工业进展, 2001 (5): 1-5.

[384] ZHANG Y J, QI T, ZHANG Y. A novel preparation of titanium dioxide from titanium slag [J]. Hydrometallurgy, 2009, 96 (1): 52-56.

[385] 刘自珍. 我国钛白粉产需现状与发展前景 [J]. 中国氯碱, 2007, 3 (3): 1-4.

[386] 陈朝华. 钛白粉生产技术问答 [M]. 北京: 化学工业出版社, 1998: 55-67.

[387] 周林, 雷霆. 世界钛渣研发现状与发展趋势 [J]. 钛工业进展, 2009 (1): 26-30.

[388] 王铁明, 邓国珠. 中国钛工业发展现状及原料问题 [J]. 稀有金属快报, 2008, 27 (6): 1-5.

[389] 陈家镛. 湿法冶金手册 [M]. 北京: 冶金工业出版社, 2005: 1144-1167.

[390] 宋天佑. 无机化学 [M]. 北京: 高等教育出版社, 2004: 703-705.

[391] 裴润. 硫酸法生产钛白 [M]. 北京: 化学工业出版社, 1982: 5-32.

[392] 谭若武. 国外的钛白工业 [J]. 钒钛, 1994 (4): 7-16.

[393] 宫伟, 雷霆, 邹平. 钛渣的生产概况和发展趋势 [J]. 云南冶金, 2009, 38 (6): 21-23.

[394] 唐正宁. 钛渣的生产概况及钛白粉的使用趋势 [J]. 中国涂料, 2006, 21 (10): 53-56.

[395] 汪力. 我国钛白粉工业发展趋势 [J]. 中国非金属矿工业导刊, 2002, 3 (7): 7-8.

[396] 邱电云, 马荣俊. 钛白粉工业的概况及其发展方向 [J]. 稀有金属及硬质金属, 1994,

117（6）：50-54.

[397] 邓国珠，王向东，车小奎．钛工业的现状和未来［J］．钢铁钒钛，2003，24（1）：1-7.

[398] 罗国珍．钛基复合材料的研究与发展［J］．稀有金属材料与工程，1997，26（2）：2-9.

[399] 李永辉．颜料钛白粉材料生产［J］．钒钛，1994（5/6）：36-40.

[400] 赖主恩．浅析钛白粉工业新世纪的发展［J］．广州化工，2003，31（1）：57-59.

[401] 莫畏，邓国珠，罗方承．钛冶金［M］．北京：冶金工业出版社，2007：164-180.

[402] 刘长河，张清．谈中国氯化法钛白粉工业发展的思路［J］．钛工业进展，2001（4）：4-9.

[403] 唐文骞．我国钛白工业发展与思索［J］．化工设计，2007，17（5）：8-11.

[404] 李东英．我国的钛工业［J］．有色冶炼，2000，29（3）：1-6.

[405] 陈朝华，刘长河．钛白粉的生产及应用技术［M］．北京：化学工业出版社，2006：174-194.

[406] 王兰武，朱胜友．我国硫酸法金红石钛白现状及对策［J］．钛工业进展，2001（6）：13-16.

[407] SUGIMOTO T, ZHOU X P, MURAMATSU A. Synthesis of uniform anatase TiO_2 nanoparticles by gel-sol method: 3. Formation process and size control ［J］. Journal of Colloid and Interface Science, 2003, 259（1）：43-52.

[408] 莫畏，熊炳昆，林振汉，等．湿法冶金手册［M］．北京：冶金工业出版社，1998：6-23.

[409] 张立德，牟季美．纳米材料和纳米结构［M］．北京：科学出版社，2001：45-61.

[410] YANG S F, LIU Y H, GUO Y P, et al. Preparation of rutile titania nanocrystals by liquid method at room temperature ［J］. Materials Chemistry and Physics, 2002, 77（2）：501-506.

[411] WANG Y, ZHANG L, DENG K, et al. Low temperature synthesis and photocatalytic activity of rutile TiO_2 nanorod superstructutes ［J］. Journal of Physical Chemistry, 2007, 111（6）：2709-2714.

[412] SATHYAMOORTHY S, HOUNSLOW M J, MOGGRIDGE G D. Influence of stirrer speed on the precipitation of anatase particles from titanyl sulphate solution ［J］. Journal of Crystal Growth, 2001, 223（1）：225-234.

[413] ZHANG Q H, GAO L. One-step preparation of size-defined aggregates of TiO_2 nanocrystals with tuning of their phase and composition ［J］. Journal of the European Ceramic Society, 2006, 26（10/11）：1535-1545.

[414] 高荣杰，史可信，王之昌．纳米 TiO_2 粉末的制备［J］．金属学报，1996，3（10）：1097-1101.

[415] AKHGAR B N, PAZOUKI M, RANJBAR M, et al. Preparetion of nanosized synthetic rutile from ilmenite concentrate ［J］. Minerals Engineering, 2010, 23：587-589.

[416] 高荣杰，王之昌，宋立明．纳米二氧化钛的制备及红外热像分析［J］．东北大学学报（自然科学版），1998，19（1）：5-7.

[417] 夏春辉，刘亚琴，王玉，等．抗癌光敏剂纳米二氧化钛研究进展［J］．医学研究，

2006, 35（7）：80-81.

[418] YASIR V A, MOHAN P N, YUSUFF K K M. Preparation of high surface area TiO$_2$（anatase）by thermal hydrolysis of titanyl sulphate solution［J］. International Journal of Inorganic Materials, 2001, 3（7）：593-596.

[419] HOU K, TIAN B, LI F, et al. Highly crystallized mesoporous TiO$_2$ films and their applications in dye sensitized solar cells［J］. Journal of Materials Chemistry, 2005, 15（24）：2414-2420.

[420] 曹谦非. 钛矿资源及其开发利用［J］. 化工矿产地质, 1996（6）：127-134.

[421] 李洪桂. 稀有金属冶金学［M］. 北京：冶金工业出版社, 2001：20-27.

[422] 屠海令, 赵国权, 郭青蔚. 有色金属冶金、材料、再生与环保［M］. 北京：化学工业出版社, 2003：59-70.

[423] 李亮. 攀枝花钒钛磁铁矿深还原渣酸解工艺研究［J］. 无机盐工业, 2010, 42（6）：52-54.

[424] 刘振江. 钛铁矿提取实验方法新探［J］. 大连教育学院学报, 1997（3）：67-68.

[425] CHERNET T. Applied mineralogical studies on Australian sand ilmenite concentrate with special reference to its behavior in the sulphate process［J］. Minerals Engineering, 1999, 12（5）：485-490.

[426] 杨绍利, 盛继平. 钛铁矿熔炼钛渣与生铁技术［M］. 北京：冶金工业出版社, 2006：14-30.

[427] CHERNET T. Effect of mineralogy and texture in the TiO$_2$ pigment production process of the Tellnes ilmenite concentrate［J］. Mineralogy Petrology, 1999, 67（1/2）：21-26.

[428] MEINHOLD G. Rutile and its applications in earth sciences［J］. Earth-Science Reviews, 2010, 102（1/2）：1-28.

[429] 杨玉成, 陈厚生, 邓国珠, 等. 钛精矿钛渣物相和酸解工艺的研究［J］. 钢铁钒钛, 1990, 11（3）：31-36.

[430] KOLEN'KO Y V, BURUKHIN A A, CHURAGULOV B R, et al. Synthesis of nanocrystalline TiO$_2$ powders from aqueous TiOSO$_4$ solutions under hydrothermal conditions［J］. Materials Letters, 2003, 57（5）：1124-1129.

[431] 陈德明, 胡鸿飞, 廖荣华, 等. 人造金红石［J］. 钢铁钒钛, 2003, 24（1）：8-15.

[432] MAHMOUD M H H, AFIFI A A I, IBRAHIM I A. Reductive leaching of ilmenite ore in hydrochloric acid for preparation of synthetic rutile［J］. Hydrometallurgy, 2004, 73：99-109.

[433] CHOU C S, YANG R Y, WENG M H, et al. Preparation of TiO$_2$/dye composite particles and their applications in dye-sensitized solar cell［J］. Powder Technology, 2008, 187（2）：181-189.

[434] WU L, LI X H, WANG Z X, et al. Preparation of synthetic rutile and metal-doped LiFePO$_4$ from ilmenite［J］. Powder Technology, 2010, 199（3）：293-297.

[435] LIU X H, GAI G S, YANG Y F, et al. Kinetics of the leaching of TiO$_2$ from Ti-bearing blast furnace slag［J］. Journal of China University of Mining and Technology, 2008, 18（3）：275-278.

［436］陈朝华. 谈钛渣的生产及应用前景［J］. 中国涂料，2004（5）：14-16.

［437］蒙钧，韩明堂. 高钛渣生产现状和今后发展的看法［J］. 钛工业进展，1998（1）：6-10.

［438］DONG H G, TAO J, GUO Y F, et al. Upgrading a Ti-slag by a roast-leach process［J］. Hydrometallurgy, 2012, 114: 119-121.

［439］李洪桂. 稀有金属冶金学［M］. 北京：冶金工业出版社，2001：45-62.

［440］LIU S S, GUO Y F, QIU G Z, et al. Preparation of Ti-rich material from titanium slag by activation roasting followed by acid leaching［J］. Transations of Nonferrous Metals Society of China, 2013, 23（4）: 1174-1178.

［441］郭宇峰，姜涛，邱冠周. 钛精矿还原-磨选法制取富钛料工艺与机理研究［C］. 中国金属学会2008年非高炉炼铁年会文集，2008：179-180.

［442］马勇. 人造金红石生产路线的探讨［J］. 钛工业进展，2003（1）：20-23.

［443］邓国珠，王雪飞. 用攀枝花钛精矿制取高品位富钛料的途径［J］. 钢铁钒钛，2002，23（4）：15-17.

［444］梁经东，邱良邦. 从钛精矿制取富钛料（或人造金红石）及铁粉新工艺-还原磁选法［A］. 攀枝花资源综合利用科研报告汇编［C］. 1956（3）：293-303.

［445］邓国珠. 富钛料生产现状和今后的发展［J］. 钛工业进展，2000（4）：1-5.

［446］张力，李光强. 由改性高钛渣浸出制备富钛料的研究［J］. 矿产综合利用，2002（6）：6-9.

［447］赵沛，郭培民. 低温还原钛铁矿生产高钛渣的新工艺［J］. 钢铁钒钛，2005，26（2）：3-8.

［448］徐刚，刘松利. 人造金红石生产路线的探讨［J］. 重庆工业高等专科学校学报，2004，19（2）：12-14.

［449］陈正学，叶彦，胡国英. 提高人造金红石品位的研究［J］. 矿冶工程，1983，3（8）：27-29.

［450］胡克俊，姚娟，席歆. 我国钛渣生产技术现状［J］. 技术与装备，2007（5）：29-32.

［451］邓国珠. 电炉熔炼攀枝花钛铁矿制取酸溶性钛渣的研究［J］. 钢铁钒钛，1980，2（3）：75-82.

［452］张力，李光强，隋智通. 由改性高钛渣浸出制备富钛料的研究［J］. 矿产综合利用，2002（6）：6-9.

［453］甘肃油漆厂涂料工业研究所. 酸浸法制取人造金红石的研究［J］. 涂料工业，1975（3）：16-24.

［454］汪镜亮. 钛渣生产的发展［J］. 钛工业进展，2002（1）：6-8.

［455］陈晋，彭金辉，张世敏，等. 高温焙烧高钛渣工艺的试验研究［J］. 轻金属，2009（2）：46-48.

［456］汪镜亮. 人造金红石生产近况［J］. 矿产保护与利用，2000（1）：47-51.

［457］BILLIK P, PLESCH G. Mechanochemical synthesis of anatase and rutile nanopowders from TiOSO₄［J］. Materials Letters, 2007, 61（4）: 1183-1186.

[458] 广东有色金属研究院氯化冶金组．钛铁矿选择级化制取人造金红石的研究［J］．金属学报，1977，13（3）：161-168.

[459] 付自碧，黄北卫，王雪飞．盐酸法制取人造金红石工艺研究［J］．钢铁钒钛，2006，27（2）：1-6.

[460] 何瑞华，赖晓杨．盐酸法制取人造金红石研究［J］．广西化工，1989（1）：22-24.

[461] 程洪斌，王达健，黄北卫，等．钛铁矿盐酸法加压浸出中人造金红石粉化率的研究［J］．有色金属，2004，56（4）：81-86.

[462] 付自碧．预氧化在盐酸法制取人造金红石中的作用［J］．钛工业进展，2006，23（3）：23-25.

[463] 王曾洁，张利华，王海北．盐酸常压直接浸出攀西地区钛铁矿制备人造金红石［J］．有色金属，2007，59（4）：108-111.

[464] 蒋伟，蒋训雄，汪胜东，等．钛铁矿湿法生产人造金红石新工艺［J］．有色金属，2010，63（4）：52-56.

[465] 刘华，胡文启．钛白粉材料的生产和应用［M］．北京：科学技术文献出版社，1992：12-35.

[466] 胡荣忠．对我国钛白工业发展的思考［J］．化工设计，1998（5）：5-7.

[467] 王庭楠．硫酸法钛白生产及其展望［J］．化工部涂料研究所，1985（5）：8-12.

[468] 刘晓华，隋智通．含 Ti 高炉渣加压酸解［J］．中国有色金属学报，2002，12（6）：1281-1284.

[469] 张树立．酸溶性钛渣制取钛白工业试验［J］．钢铁钒钛，2005，19（3）：33-36.

[470] 王琪，姜林．硫酸浸出赤泥中铁、铝、钛的工艺研究［J］．矿冶工程，2011，31（4）：90-94.

[471] 龚家竹．钛白粉生产技术进展［J］．无机盐工业，2003，35（6）：5-7.

[472] 景建林，张全忠，邱礼有，等．硫酸法钛白生产中钛铁矿液相酸解反应的实验研究［J］．化学反应工程与工艺，2003，19（4）：337-343.

[473] 陈朝华．硫酸法钛白生产中酸用量探讨［J］．涂料工业，1998（12）：18-20.

[474] 沈体洋．硫酸法钛白生产中绿矾和废酸的回收利用［J］．湖南化工，1987（4）：52-61.

[475] 唐振宁．钛白粉生产与环境治理［M］北京：化学工业出版社，2000：55-80.

[476] 法浩然．硫酸法钛白生产中的废硫酸治理［J］．涂料工业，1999（9）：30-31.

[477] 邹建新．国内钛白粉厂废硫酸浓缩技术取得重大突破［J］．钛工业进展，2002（6）：1.

[478] 卫志贤，祖庸．硫酸法生产钛白粉废液的综合利用［J］．钛工业进展，1997（5）：32-36.

[479] 刘文向．氯化法钛白发展概况和建议［J］．氯碱工业，1999（2）：18-20.

[480] XU C，YUAN Z F，WANG X Q．Preparation of TiCl$_4$ with the titanium slag containing magnesia and calcia in a combined fluidized bed［J］．Chinese Journal of Chemical Engineering，2006，14（3）：281-288.

[481] 刘文向．氯碱企业发展氯化法钛白粉的优势［J］．氯碱工业，2012，48（2）：1-3.

[482] 孙洪涛．氯化法钛白生产装置三废处理工艺改进［J］．钢铁钒钛，2012，33（6）：

35-39.

［483］罗远辉，刘长河，王武育. 钛化合物 ［M］. 北京：冶金工业出版社，2011：120-128.

［484］周忠诚，阮建明，邹俭鹏，等. 四氯化钛低温水解直接制备金红石型纳米二氧化钛 ［J］. 稀有金属，2006，30（5）：653-656.

［485］LI C, LIANG B, WANG H Y. Preparation of synthetic rutile by hydrochloric acid leaching of mechanically activated Panzhihua ilmenite ［J］. Hydrometallurgy, 2008, 91（1）：121-129.

［486］HAN Y F, SUN T C, LI J, et al. Preparation of titanium dioxide fromtitania-rich slag by molten NaOH method ［J］. International Journal of Minerals, Metallurgy and Materials, 2012, 19（3）：205-211.

［487］FENG Y, WANG J G, WANG L N, et al. Decomposition of acid dissolvedtitanium slag from Australia by sodium hydroxide ［J］. Rare Metals, 2009, 28（6）：564-569.

［488］XUE T Y, WANG L N, QI T, et al. Decomposition kinetics of titanium slag in sodium hydroxide system ［J］. Hydrometallurgy, 2009, 95（1）：22-26.

［489］黄云翔. 国内外钛白粉生产概况和发展建议 ［J］. 广东化工，1996（6）：5-7.

［490］唐文骞，王效英. 硫酸法钛白废酸浓度技术介绍及评述 ［J］. 化工设计，2010，20（10）：3-8.

［491］李大成，周大利，刘恒. 我国硫酸法钛白粉生产工艺存在的问题和技改措施 ［J］. 现代化工，2000，20（8）：28-31.

［492］曲颖. 我国钛白工业存在的问题与发展对策 ［J］. 化工技术经济，1998，16（2）：13-16.

［493］范兵，李志广，李昭，等. 硫酸法钛白废酸的处理 ［J］. 河南化工，2013，30（3/4）：12-15.

［494］姚庆明，柴立平，李强，等. 我国钛白粉工业的现状与发展 ［J］. 化工科技市场，2007，30（9）：1-5.